兴林富民实用技术丛书

图说毛竹高效培育技术

浙江省林业厅　组编

浙江科学技术出版社

图书在版编目(CIP)数据

图说毛竹高效培育技术/金爱武,何奇江主编. —杭州: 浙江科学技术出版社,2009.6(2020.11 重印)
(兴林富民实用技术丛书/浙江省林业厅组编)
ISBN 978-7-5341-3621-4

Ⅰ. 图… Ⅱ. ①金…②何… Ⅲ. 毛竹—栽培—图解 Ⅳ. S795.7-64

中国版本图书馆 CIP 数据核字 (2009) 第 100502 号

丛 书 名 兴林富民实用技术丛书
书 名 **图说毛竹高效培育技术**
组 编 浙江省林业厅

出版发行 浙江科学技术出版社
杭州市体育场路 347 号 邮政编码: 310006
联系电话: 0571-85152719
E-mail: zkpress@zkpress.com
排 版 杭州大漠照排印刷有限公司
印 刷 杭州下城教育印刷有限公司
经 销 全国各地新华书店

开 本 880×1230 1/32 **印张** 2.5
字 数 62 000
版 次 2009 年 6 月第 1 版 2020 年 11 月第 8 次印刷
书 号 ISBN 978-7-5341-3621-4 **定价** 10.00 元

责任编辑 詹 喜 **责任校对** 顾 均
封面设计 金 晖 **责任印务** 叶文炀

《兴林富民实用技术丛书》编辑委员会

主　　任　楼国华
副 主 任　吴　鸿　邱飞章　邵　峰
总 主 编　吴　鸿
副总主编　何志华　郑礼法
总 编 委　(按姓氏笔画排列)
丁良冬　王仁东　王冬米　王章明　方　伟
卢苗海　朱云杰　江　波　杜跃强　李永胜
吴善印　吴黎明　邱瑶德　何晓玲　汪奎宏
张新波　陆松潮　陈功苗　陈征海　陈勤娟
杭韵亚　赵如英　胡剑辉　姜景民　骆文坚
徐小静　高立旦　黄群超　康志雄　蒋　平

《图说毛竹高效培育技术》编写人员

主　　编　金爱武　何奇江
副 主 编　季新良　邱永华
编写人员　(按姓氏笔画排列)
王　波　尹　斌　孙　政　李雪涛　邱永华
何奇江　宋燕东　季新良　金晓春　金爱武
周文伟　郑连喜　洪小平　祝　健

前 言

浙江省位于竹子自然分布中心的北缘,竹子资源丰富。浙江省现有毛竹林980万亩左右,集中分布区达30多个县(市),涉及竹农约330万人。在2009年浙江省省树省花和特色树、特色花的评选中,毛竹被评为“富民之竹”。多年来,竹业在浙江省农业和农村经济中发挥着十分重要的作用,是经济欠发达山区农业增效、农民增收的重要途径。

目前,浙江省竹林培育的经济效益平均在460元/亩左右。其中,经济效益600元/亩以下的竹林面积达650万亩,效益最高的竹林可达4000元/亩。若浙江的毛竹林中有500万亩收益提高200元/亩,300万亩提高100元/亩,则可直接增加培育产值13亿元。要实现这一目标,关键是按照分类经营、定向培育的要求,推广普及竹林高效生态经营技术,全面提高竹林经营水平。

由于传统的毛竹培育以单目标培育为主,技术形态单一,技术投入的产出不确定性高,目标产品商品性能低,劳动力投入较大。同时,受农业劳动力成本持续上涨及对生态与环境要求的提高,竹林经营亟待向多目标培育、定量化管理、高效生态经营和规范生产转变。

为了进一步推动竹业生产这一目标的实现,我们按照技术必须符合农民认知的要求,结合毛竹培育技术的最新成果以及乡土技术的挖掘、利用,组织编写了《图说毛竹高效培育技术》一书。本书分六个部分，主要介绍了毛竹的生物学特性，毛竹林营造与幼林管理，毛竹低产低效林改造技术，毛竹冬笋、春笋和鞭笋高效培育关键技术及无公害竹笋生产知识等内容。

由于编者水平有限，书中难免存在疏漏和不足之处，敬请广大读者批评指正，以便今后修订和完善。

编者

2009 年 5 月

序

林业是生态建设的主体,是国民经济的重要组成部分。浙江作为一个“七山一水二分田”的省份,加快林业发展,建设“山上浙江”,对全面落实科学发展观、推动经济社会又好又快发展,对促进山区农民增收致富、扎实推进社会主义新农村建设,对建设生态文明、构建社会主义和谐社会都具有重要意义。

改革开放以来,浙江省林业建设取得了显著成效,森林资源持续增长,林业产业日益壮大,林业行业社会总产值位居全国前列。总结浙江林业发展的经验,关键是坚持了科技兴林这一林业建设的基本方针,把科技作为转变林业发展方式的重要手段,“一手抓创新,一手抓推广”,不断增强现代林业的科技支撑。我们要认真总结经验,在进一步深化改革、搞活林业经营体制机制的同时,继续把科技兴林作为发展现代林业的战略举措,坚持林业科研与生产的有效结合,强化应用技术研究,加快科技成果转化,不断提高林业生产效率、经营水平和经济效益,推动现代林业又好又快发展。

为进一步加快林业先进实用技术的普及和推广应用,浙江省林业厅组织有关专家编写了这套《兴林富民实用技术丛书》。本套丛书突出图说实用技术的特点,图文并茂,内容丰富，具有创新性、直观性，通俗易懂，便于应用，适合于林业技术培训需要，是从事林业生产特别是专业合作组织、龙头企业、科技示范户以及责任林技人员的科普读本、致富读本。相信这套丛书的编写出版，对于发展现代林业，做大、做强具有浙江优势的竹木、花卉苗木、特色经济林等林业主导产业，提高农民科技素质具有积极作用。希望浙江省各级林业部门用好这套丛书，切实加强以林业专业大户、林业企业经营者和专业合作组织为重点的林业技术培训，提高广大林农从事现代林业生产经营的技能，为全面提升林业的综合生产能力和林产品的市场竞争力，走出一条经济高效、产品安全、资源节约、环境友好、技术密集、人力资源优势得到充分发挥的现代林业新路子提供服务、作出贡献。

浙江省政协主席 周国富

2008年6月

CONTENTS

一、毛竹的生物学特性

(一) 毛竹地上部分的生物学特性 / 2

1. 竹笋(笋芽)的形成特点 / 2
2. 竹笋在出土前后的生长特点 / 3
3. 毛竹的退笋现象 / 4
4. 毛竹笋期发笋特征与新竹留养 / 4
5. 毛竹竹笋—幼竹期的生长特点 / 5
6. 毛竹成竹的生长特点 / 6
7. 毛竹的竹龄和叶色变化节律 / 6
8. 毛竹年龄的识别方法 / 7
9. 毛竹大小年现象和花年(均年)竹林 / 8

(二) 毛竹地下部分生物学特性 / 9

1. 毛竹地下鞭的生长特性 / 9
2. 毛竹地下鞭的生长特点 / 11
3. 土壤条件对竹鞭生长的影响 / 13
4. 毛竹的岔鞭和跳鞭 / 13
5. 竹鞭的年龄和发笋能力 / 15
6. 毛竹地下鞭芽的类型 / 16

二、毛竹林营造与幼林管理

(一) 毛竹林营造 / 18

1. 造林地选择 / 18

2. 造林地整地 / 18
3. 造林方法 / 19
(二) 幼竹管理 / 22

三、毛竹低产低效林改造技术

(一) 毛竹低产低效林的定义和成因分析 / 23
(二) 毛竹低产低效林改造的技术措施 / 23
1. 毛竹分类经营和定向培育的类型 / 24
2. 竹林施肥的常用方法和特点 / 25
3. 毛竹纯林经营和混交林经营 / 28
4. 毛竹的大小年经营和花年竹林经营 / 29
5. 毛竹低产低效林改造的技术环节 / 30

四、毛竹冬、春笋型笋竹林高效培育关键技术

(一) 毛竹冬春笋型笋竹林的立地条件选择 / 39
(二) 毛竹冬春笋型笋竹林的施肥管理 / 40
1. 施肥模式 / 40
2. 施肥技术的乡土设计 / 41
(三) 毛竹冬春笋型笋竹林的水分管理 / 43
1. 水分管理模式 / 43
2. 技术设计 / 44
(四) 竹林结构动态管理技术 / 48
(五) 竹林培土 / 48
(六) 毛竹冬、春笋采收技术 / 49
1. 冬笋采收 / 49
2. 春笋采收 / 50

(七) 钩梢技术 / 51

(八) 竹材采伐 / 53

1. 采伐季节 / 53
2. 采伐年龄 / 53
3. 采伐方法 / 54

五、毛竹鞭笋型笋用林培育关键技术

(一) 林地条件与竹林结构 / 56

(二) 竹鞭处理 / 58

(三) 深翻松土 / 59

(四) 施肥技术 / 59

(五) 鞭笋挖掘 / 59

(六) 专产鞭笋竹林培育技术 / 60

六、毛竹无公害竹笋的生产

(一) 竹笋无公害生产存在的主要问题 / 63

1. 政府部门及广大竹笋生产者、消费者对竹笋安全性认识不足 / 63
2. 竹农安全卫生意识淡薄,滥施农药化肥严重 / 64
3. 环境质量下降造成空气、土壤、水资源的污染,影响竹笋的安全卫生 / 64
4. 农业生产措施影响竹林的生态环境 / 65

(二) 推进竹笋无公害生产的措施 / 65

1. 加强舆论引导和宏观管理 / 65
2. 病虫害控制 / 66
3. 施肥管理 / 67

一、毛竹的生物学特性

毛竹林从地上部分看和其他林木，如杉木、马尾松一样成散生状，竹子与竹子之间相互独立。其实，从形态特征和结构特点看，毛竹和其他林木是完全不同的。

毛竹由地上部分的竹秆、竹枝、竹叶和地下部分的竹蔸、地下鞭构成。竹蔸和地下鞭上都有根，其中，所谓的地下鞭是茎，是竹类植物在土壤中横向生长的茎。地下鞭上有节，节上生根，节侧有芽，这些芽的萌发后就长成竹笋，也可能横向生长而成为新的地下鞭。因此，尽管地上分散许多独立的竹秆，但它们在地下则是互相连接在一起的。

按植物学观点，一片毛竹林就是若干“竹树”。地下鞭是“竹树”的主茎，竹秆是“竹树”的分枝，一片竹林就是竹连鞭、鞭生笋、笋长竹、竹又养鞭形成的一个有机整体，又称为无性系种群。因此，对毛竹的管理也有别于其他林木。与其说对一片毛竹林的管理，其实是对几株“竹树”的管理。毛竹的形态特征和结构特点如图1所示。

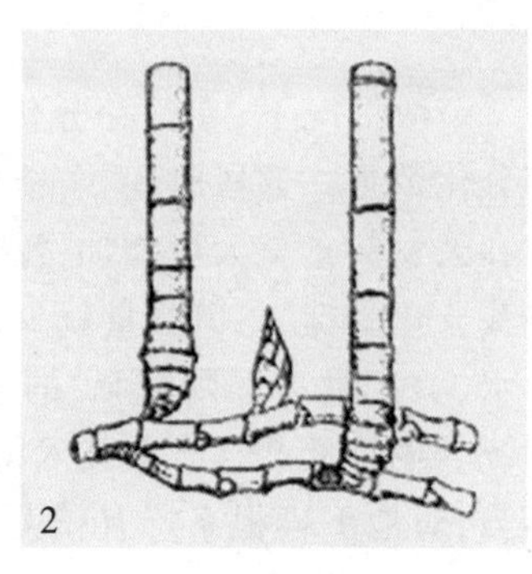

图1　毛竹的形态特征和结构特点

1. 毛竹地上部分为散生状林分　2. 地下部分通过地下鞭相连

（一）毛竹地上部分的生物学特性

1. 竹笋(笋芽)的形成特点

毛竹的竹笋(笋芽)一般在夏末秋初(8~10月)经分化而形成。地下鞭上的部分壮芽,其顶端分生组织经过细胞分裂增殖,分化形成节、节隔、笋箨、侧芽和居间分生组织,并逐步膨大,与竹鞭呈20~50度的角度向外伸长,芽尖弯曲向上,这部分鞭侧芽就是经分化形成的笋芽。在条件适宜的情况下,到了初冬,笋芽膨大,笋箨呈黄色并被有绒毛,这就是冬笋;到了春季温度回升,笋芽继续萌发生长出土,就是春笋。笋芽、冬笋和春笋的形态如图2所示。

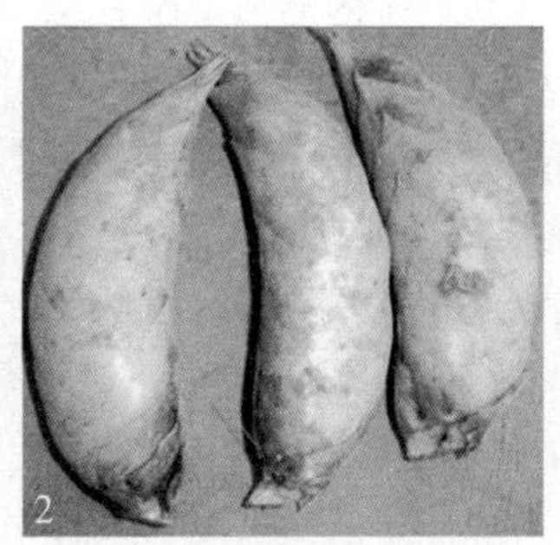

图2 竹笋(笋芽)的形态

1. 笋芽 2. 冬笋 3. 春笋

一般情况下,在笋芽分化期(即7~9月),降水量的多少会直接影响笋芽分化数量。这段时间,若能供应较多水分满足笋芽分化,年底冬笋和来年春天发笋量就大可增加;反之,若在此时期久晴少雨,甚至高温干旱,则笋芽分化受抑,冬笋数量就少,次年春笋会大幅减产。生产上"有没有竹笋看水,笋产量高低则看肥"的说法即主要指笋芽分化期的降水是否充分。传统的毛竹低产林改造技术将竹林的垦复期定为8~9月,此期若深翻垦复不当,对地下鞭根系统有较大的破坏,则必然影响到笋芽分化和来年竹笋产量。

2. 竹笋在出土前后的生长特点

毛竹笋(笋芽)在土中生长阶段,经过顶端分生组织不断地进行细胞分裂和分化,形成了节与节、节隔、笋箨、侧芽和节间分生组织,到出土前全株的节数已经定型,出土后不会再增加新节。

竹笋出土前后生长规律是不一样的。在竹笋出土前,竹笋的横向生长速度较快,而高生长相对较慢;竹笋一旦出土(一般超过5厘米左右),横向生长就停止了,而高生长速度加快。所以,一般笋体有多粗,竹子就有多粗,笋体有多少节,竹子也就有多少节,竹子大小是在竹笋出土前就定型了。在适宜范围内,竹鞭在土壤中分布的深度越深,横向生长时间越长,则竹笋越大(见图3)。地下鞭分布在土壤25厘米以下时,一般地下鞭每加深5厘米,则竹笋可增加250克。

图3　竹笋的大小与在土壤中分布的深度、横向生长时间有关

1. 全笋长25厘米　2. 全笋长33厘米　3. 全笋长47厘米

多年失管的毛竹低产林通常因地下空间壅塞,壮龄鞭和新发鞭在土壤中的分布较浅,竹笋在土壤中的生长时间短,所以竹笋和留笋成竹也小。生产上可以通过营林措施诱导和埋鞭、培土等措施来提高竹鞭分布的深度,进而达到改善竹笋和竹子大小的目的。

3. 毛竹的退笋现象

正常竹笋成为退笋，最初表现为生长缓慢，竹笋干缩，箨耳上的毛枯萎，早晨箨叶无“露水”（即没有吐水现象），最后笋体干缩腐烂（见图4）。营养不足、低温、干旱和虫害等逆境都是造成毛竹退笋的重要原因，而造成退笋的主要原因是营养不足。若营养供给能力弱，新笋（竹）常因生长无力而败退。

图4　退笋（竹）

竹笋长成竹子所需要的大量营养物质，几乎全靠母竹和竹鞭供给。在土壤肥沃的竹林中，母竹和竹鞭贮存的营养十分丰富，竹笋生长旺盛，退笋率低。在立地条件较差或生长不良的竹林里，大部分竹笋常因缺乏营养而枯萎死亡。因此，及时合理地采收毛竹笋，不仅可以保证合理立竹结构的形成，而且是实现竹林高效的重要途径。

4. 毛竹笋期发笋特征与新竹留养

温度条件是影响竹笋出土的主要因素。毛竹发笋起始旬平均温度在10℃左右，春季雨后高温，大量竹笋出土，长势旺盛，即所谓“雨后春笋”。如遇久旱不雨，土壤过于干燥，即使温度适宜，竹笋也出土缓慢，数量较少，甚至一出土就死亡，称为“闷头退笋”。

毛竹笋期采取的技术措施目的在于协调竹笋采收和新竹留养之间的矛盾。早期笋留养，消耗竹林大量营养，虽然可以保证新竹生长质量，但竹笋产量较低；采取后期笋留养新竹，虽然可以取得高的竹笋产量，但因发笋而营养消耗殆尽，新竹生长势弱，退笋（竹）率高，不利于丰产的立竹结构形成。因此，在毛竹笋竹两用林中，一般留养盛期竹笋，挖掘早期竹笋和末期竹笋，以增加竹笋产量和减少竹林养分的消耗，从而保证新竹的质量。

5. 毛竹竹笋—幼竹期的生长特点

竹林地上部分按竹笋—幼竹生长的速度，可分为初期、上升期、盛期和末期。笋箨的吐水现象反映了竹笋的节间生长活动。在竹笋—幼竹生长的盛期，夜里竹林内“滴滴嗒嗒”的降水声，就是笋箨的吐水现象。通过母竹根系和竹鞭根系，把土壤下层的水分吸收进来，输送到竹笋，再从笋箨的箨叶吐出来，湿润了竹笋—幼竹周围的表层土壤，就形成了竹林内的水分小循环。这对于竹笋—幼竹竹根的生长发育是非常重要的。更重要的是这种水分小循环的养分输导作用，满足了竹笋—幼竹迅速生长的需要。初出土的竹笋，笋体组织幼嫩，含水量特别高，随着出土后时间的增长，高生长增加，笋体组织老化，竹笋水分含量显著减少。

毛竹竹笋—幼竹生长过程中，地上和地下部分生长具有对应增长关系，即在竹笋—幼竹地上部分生长的同时，地下部分也相应生长，竹根长度、分布幅度和体积迅速增加。地下部分的干物质的增长量远不如地上部分那样显著，但根系吸收总面积的增加却非常突出。如图5所示，幼竹高度在3米左右的时候，根系的宽度已经达到60厘米左右。幼竹地下根系强壮发展，在地上枝叶的全部展放时，就形成了完整的吸收系统和合成器官，从而具备了“自给自足，独立生活”的能力。

图5　新竹高度在3米左右时竹蔸的生根情况

6. 毛竹成竹的生长特点

毛竹新竹形成后，竹子的秆形生长结束，竹秆的高度、粗度和体积不再有明显的变化，但竹秆组织幼嫩，幼秆干物质质量仅相当于老化成熟后的40%左右，其余的60%要靠日后的成竹生长来完成。根据成竹的生理活动和物理力学性质的变化，可以分为3个竹龄阶段，即幼龄—壮龄竹阶段、中龄竹阶段和老龄竹阶段(见图6)，相当于竹秆材质生长的增进期、稳定期和下降期。

图6 毛竹的几个竹龄阶段

1. 幼龄竹 2. 壮龄竹 3. 老龄竹

一般笋材两用林从幼竹到换叶3次的5年生竹子，都处于生理旺盛的幼龄—壮龄阶段；6~8年生为中龄阶段；9~10年生以上属于老龄阶段。对笋材两用林的培育应留养幼龄—壮龄竹，砍伐中、老龄竹。

7. 毛竹的竹龄和叶色变化节律

毛竹年龄一般用“度”来表示，出笋成竹到第二年换叶称为1度；以后每隔2 年换叶1次，每换叶1次增加1度。所以，毛竹年龄除新竹1年生为1度外，以后都是2年算1度。即1度竹为1年生，2度竹为2~3年生，3度竹为4~5年生。

大小年分明的竹林，毛竹林的叶色变化和大小年现象同步。春笋小年

（不进行新竹留养）开始，竹林换叶并抽发新叶（黄色）。而后在6月以后，随着营养积累，叶色转为墨绿色（黑色）。当年12月至次年4月为冬、春笋大年，因发笋和新竹生长消耗了大量营养。在4月时，竹叶又转为黄绿色（黄色），而后经营养生长和积累。8月以后，叶色转为墨绿色（黑色），并在11月以后逐渐枯黄（黄色）并脱落。因此，可以将毛竹一个大小年周期竹叶叶色的变化概括为“三黄二黑”。毛竹的叶色变化节律和发笋、地下鞭生长、笋芽分化、竹笋孕育等生长节律是相关的（见表1）。

表1　毛竹一个大小年周期竹叶叶色变化规律和生长节律

3~4月	6月	8~9月	11月	12月至次年4月	6月	8~9月	11月	再次年3月
笋期	行鞭期	笋芽分化期	孕笋期	冬、春笋期	幼竹期	笋芽分化期		笋期
叶色黄（换叶）	叶色墨绿			叶色黄绿		幼竹期	叶色枯黄（脱落）	叶色黄（换叶）
春笋小年				冬、春笋大年				春笋小年

8. 毛竹年龄的识别方法

一般毛竹年龄有以下3种识别方法：

（1）号竹法（见图7）。每年7~8月在新留养的竹秆上用毛竹标号笔或其他颜料标写年号，如2004年春留养的新竹标“04”，有的还可写上户名，这样最容易确定竹龄，择伐时就可以实行“点根标号”按号择伐。

图7　号竹法

（2）龄痕法（见图8）。毛竹新竹经一年后换叶，

以后每两年换一次叶,每次换叶,着叶小枝,从顶端开始枯死脱落。每换一次竹叶,就会留下一个"枝痕"。所以,"枝痕"也叫"龄痕"。计算年龄时看有几个龄痕加1就是几度竹。但对遭受病虫害而换叶不正常的毛竹就不能用这个方法。

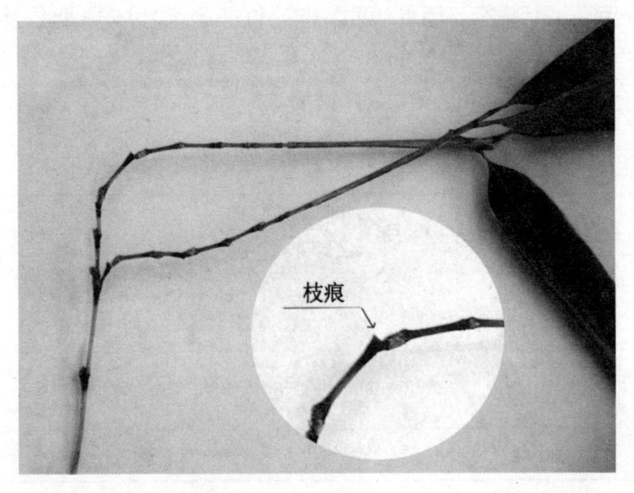

图8 龄痕法

(3) 竹秆皮色法。毛竹秆随着年龄的变化,皮色变化有一定规律,一般幼龄竹秆为绿色、中龄竹秆为黄绿色、老龄竹秆为黄褐色或古铜色。根据这种变化,可以大致判断竹龄。此法目前普遍适用,但需要有较丰富的经验,不然也很难准确判断。如受环境的影响,皮色发生改变,如林缘竹受强光照射多,2度竹皮色就变黄了,立地条件差,皮色变化也会提前。

9. 毛竹大小年现象和花年(均年)竹林

毛竹春笋的产量一年多一年少,循环交替形成大小年现象。毛竹的大小年现象影响了竹笋的年度间的均衡生产。

形成大小年的主要原因是毛竹新叶的光合能力可比老叶高3倍多。在一定的范围内,特别是带1龄新叶的立竹越多,意味着竹叶制造的光合产物就越多,地下茎等贮藏器官内的贮藏物质也就越丰富,竹笋的出笋数和活笋数也就会越多。毛竹的大小年分明的竹林经营管理一般两年(1度)集中

在一年，即春笋大年进行新竹留养，即第一年在竹林中绝大部分是1龄新叶并越冬，则次年全林为2龄叶并在冬天脱落。这种经营制度导致全林周期性换叶节律，并同步形成养分的大小年分配规律，从而造成了竹笋产量的大小年现象。

花年竹林是指由各年度所留养的一定数量的竹株而形成竹子年龄结构上看为均年的竹林。在这样的林分里，每年有一半左右的竹子换发新叶，从而使这个林分的叶面积在年度间变化是一致的，不会造成像大小年分明的竹林养分的大小年分配差异，即换叶期和绿叶期的立竹较为均一地在竹林中分布（林相见图9）。所以，花年竹林在年度间竹笋产量基本处于均衡状态。

图9　花年毛竹林春笋期林相

（二）毛竹地下部分生物学特性

1. 毛竹地下鞭的生长特性

鞭梢是竹鞭的先端部分，为坚硬的鞭箨（又叫鞭壳）所包被，具有强大

的穿透力(见图10)。竹鞭在地下纵横蔓延就是通过鞭梢的生长来实现的。

图 10　鞭梢

在正常情况下，竹鞭每节居间分生组织以等同的速度进行分裂增殖，拉长竹鞭的节间长度,并适当加粗竹鞭的直径,推进向前横向生长。毛竹鞭梢生长速度在一年间按慢—快—慢的节律进行。活动时期一般以5~10月生长最旺,11月生长减慢,12月至次年1月停止生长,3~5月竹林发笋长竹,如此交替进行。在大小年分明的毛竹林,大年出笋多,鞭梢生长量小;小年出笋少,鞭梢生长量大。在新竹抽枝发叶,竹林进入小年时,鞭梢开始生长,一般在4月就开始萌动,7~8月最旺,11月底停止,冬季萎缩断脱。在来年春季竹林换叶进入大年时,又从断梢附近的侧芽抽发新鞭,继续生长,6~7月最旺,到8~9月又因竹林大量孕笋而逐渐停止。小年竹林的鞭梢生长量是大年的4~5倍,故有“大年发笋,小年长鞭”的说法。

鞭梢生长所消耗的养分来自与其相连的母竹,鞭芽所指的方向就是竹鞭生长的方向(见图11),营养物质总是朝着竹鞭生长方向输导的。竹林生长好,竹鞭中有充足的养分供应,新竹生长粗大、发育健全。在母竹生活期中,砍竹或挖鞭,会切断地下输导系统,引起大量伤流,影响鞭梢生长,甚至萎缩死亡。

图 11 . 鞭芽所指的方向就是竹鞭生长的方向

2. 毛竹地下鞭的生长特点

(1) 竹鞭生长的趋性特点。地下鞭的纵横蔓延有趋肥、趋松、趋湿等趋性生长特点。在不同区域和同一区域的土壤空间分布上，相对土壤疏松、养分充足和水湿条件良好的土壤环境，鞭梢具有“觅食行为”特征而主动向这些土壤空间蔓延生长。竹林采伐后枯枝落叶的堆放地，如未及时清理，则有机物因腐烂增肥增温，次年6月以后可以在堆放地的土壤表层发现许多鞭梢在此蔓延生长(见图12)。

(2) 抽鞭孕笋能力具有年龄性的特点。竹鞭年龄不同，孕笋、抽鞭的能力也不同。一般1~2年生的幼龄竹鞭，组织幼嫩，根系生长发育尚未成熟，抽鞭孕笋能力较弱；3~6年生的壮龄竹鞭，内含物丰富，根系发达，生活力强，抽鞭孕笋能力强；随着鞭龄的增加，竹鞭的养分含量降低，逐渐失去发笋能力。

(3) 壮芽分布具有部位性的特点。一般长鞭段生长良好，根系发达，侧芽饱满，鞭体粗壮，养分贮藏丰富，然而并非鞭段越长发笋数越多。对毛竹笋用林的调查，发笋比例最高的鞭段长度约2米左右，又称为有效鞭段(见

图 12　有机物堆放地长出大量浮鞭

图13)。把一片竹树系统的鞭系比喻成一株果树,每一单株的竹子是一个枝条,鞭就是主枝和侧枝,以此类推,过长的竹鞭就好比是一些徒长枝。因此,对竹鞭可采取一定控制措施,以防止竹鞭陡长,来调节发笋期养分的分配。相反,鞭段过短,中部芽少,出笋的机会也少,甚至不发笋,而且短鞭段岔鞭转折多,对营养输导、贮存和供给都不利,即使能发笋,也容易退笋,经常成为无笋鞭段。

图 13　有效鞭段

3. 土壤条件对竹鞭生长的影响

鞭梢生长过程中的土壤条件，特别是质地、肥力、水分等对竹鞭生长有明显的影响。在疏松、肥沃的土壤中，鞭梢生长快，年生长量可达5~7米，生长方向变化不大，起伏扭曲也小，形成的竹鞭，鞭段长，岔鞭少，节间长，鞭径粗，侧芽饱满，鞭根粗长。

在土壤板结、石砾过多、干燥瘠薄或灌木丛生的地方，土中阻力大，竹鞭分布浅，鞭梢生长缓慢，起伏度大，钻行方向变换不定，而且经常折断，分生岔鞭。所以，形成的鞭段较短，且多畸形扭曲，节间短缩，粗细不均，侧芽瘦小，鞭段细短而曲折。

4. 毛竹的岔鞭和跳鞭

岔鞭是指鞭梢在生长过程中，受伤折断其断点附近的侧芽，或鞭段基部侧芽萌发长出的新鞭(见图14)。竹鞭的分岔方式，可分为3种类型：一侧单岔(只在竹鞭一侧生一岔鞭)、两侧单岔(在竹鞭两侧各生一岔鞭)和两侧多岔(在竹鞭两侧各生有多条岔鞭)。在一般情况下，一侧单岔出现的次数

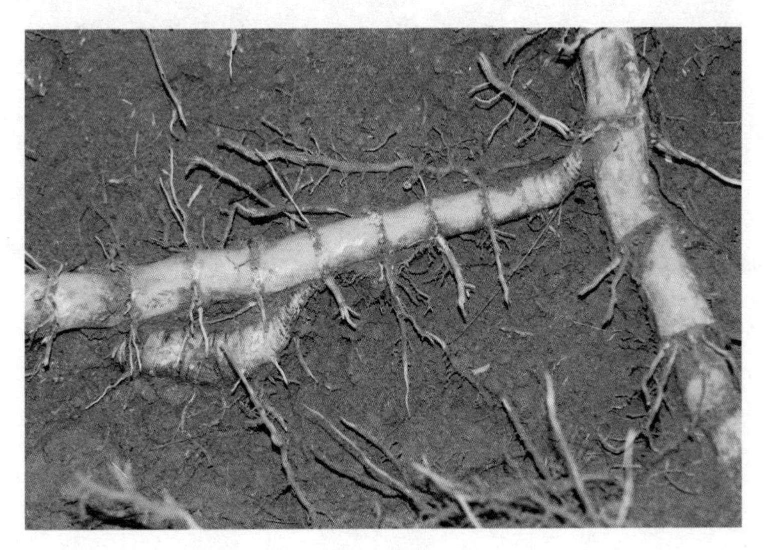

图14　岔鞭

多,两侧多岔出现的次数少。分岔的位置和岔鞭的数量则与竹鞭的健壮程度和土壤条件有密切关系。在肥沃疏松的土壤中,粗壮竹鞭的岔鞭少,通常是1~2根,而在多石砾贫瘠土壤中的瘦弱鞭段,有时分岔多达5~6根。岔鞭的发生是有规律的,经过调查表明,在对鞭梢进行断鞭处理时,一般在断点附近的3~5个芽抽处发新鞭。

在毛竹林地中,常常可以见到竹鞭自土中钻出,生长一小段距离后,又钻入土中,这种现象称为"跳鞭"(见图15)。鞭梢出土后,继续向上生长,形成竹秆,叫做鞭竹。一般跳鞭为青绿色,呈弓状弯曲,节间短,节密,根点突出。竹鞭浮于表面不能深入土中,这是由于竹鞭趋肥、趋松性和经营干扰所致。跳鞭过多一般是由于林地土壤板结,竹蔸、竹根盘结等原因所致。竹鞭浮于表面,缩小了吸收营养的面积,造成竹鞭营养不良,笋芽分化少,通常所生竹笋亦不肥大。跳鞭的露出部分,一般较其相连的土中竹鞭细小而节密,侧芽很少萌发,很少抽根。但它不能随便伤断,否则会割断竹子的地下输导系统,影响抽鞭发笋。在竹林培育上可用埋鞭等经营措施加土覆盖予以保护。

图 15 跳鞭

5. 竹鞭的年龄和发笋能力

毛竹新生的竹鞭呈淡黄色，组织幼嫩，养分和水分含量很高，为鞭箨所包被，正在充实生长，除断梢情况外，一般不抽鞭，也不发笋。1年生以后，鞭箨腐烂，鞭段由淡黄色转变为黄铜色，鞭体组织逐渐成熟，侧芽发育完全，鞭根分枝多而生长旺盛，形成强大的竹鞭根系，此时竹鞭进入壮龄时期（一般为3~6年生）。壮龄竹鞭的养分丰富，竹林中的幼龄和壮龄竹绝大部分着生在壮龄鞭上，侧芽大多肥壮膨大，生活力强，抽鞭孕笋数量多，质量好，是竹林更新和繁殖的主体。随着鞭龄的增加，鞭色变为枯黄色至褐色，鞭体的水分和养分含量锐减，侧芽在长期休眠之后，逐渐失去萌发能力，并有部分开始死亡腐烂，鞭根梢端断脱，侧根和须根死亡而见稀疏，吸收作用显著下降，这样的竹鞭已过渡到老年时期。可以看出，在毛竹林分里，出笋率随鞭龄的增加而降低，而退笋率则随鞭龄的增加而升高。在竹林培育上，无论是留笋养竹、移竹造林或移鞭栽植，都必须选用幼—壮龄竹鞭。

对毛竹竹鞭各年龄阶段的判断可参考图16和表2。

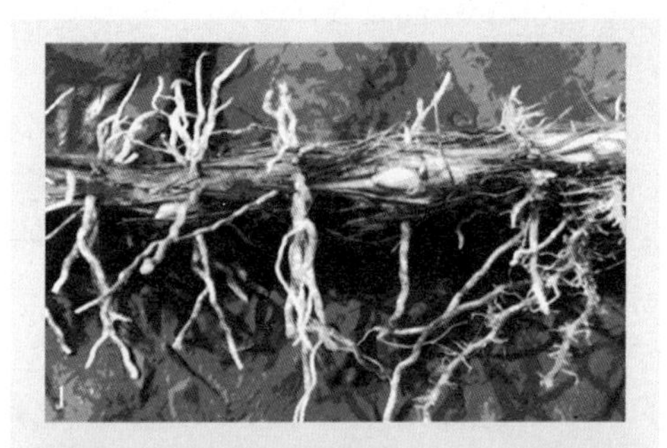

图16　不同年龄阶段的竹鞭
1. 幼龄鞭　2. 壮龄鞭　3. 老龄鞭

表 2　毛竹竹鞭各年龄阶段的判断

年龄阶段	鞭　箨	鞭体色泽	根　系	其　他
幼龄鞭	鞭箨包被或大部分包被	淡黄色,有光泽	根系一般,通常只有一级支根	—
壮龄鞭	鞭箨部分腐烂,在鞭体上少量存留	金黄色,光泽亮丽	鞭根分枝多,有大量的细根和根毛,生长旺盛	鞭体上开始少量出现黑斑
老龄鞭	鞭箨完全腐烂,在鞭体无存留	枯黄色,没有光泽	鞭根分枝多而粗壮,但细根脱落	鞭体上较多黑斑和人为破损

6. 毛竹地下鞭芽的类型

地下鞭芽根据其生长发育程度不同,可以分为四类：弱芽、壮芽、笋芽、虚芽(竹笋采收后的芽节)(见图17),其判断标准主要依据芽向角,也就是

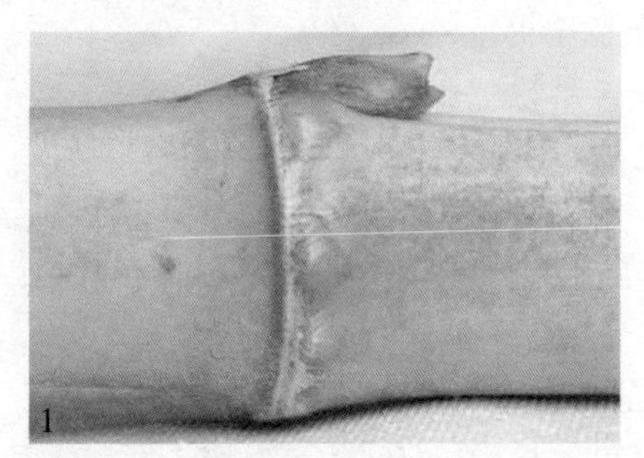

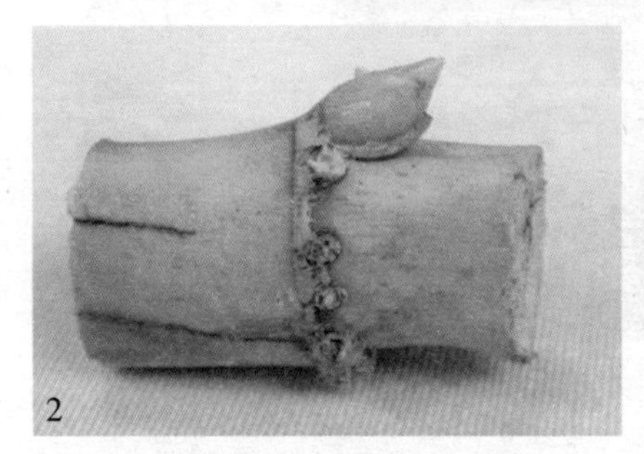

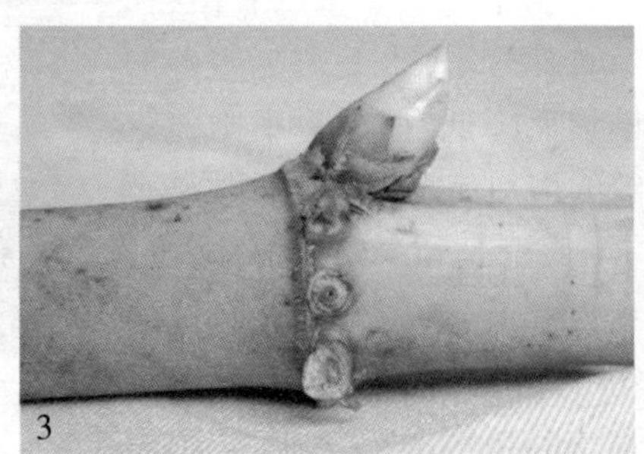

图 17　鞭芽类型

1. 弱芽　2. 壮芽　3. 笋芽

地下鞭侧芽和地下鞭的角度来确定。一般弱芽分布在幼龄鞭段,经过营养发育可以生长为壮芽;壮芽在笋芽分化期(8~9月)可分化为笋芽;笋芽在水肥条件适宜的情况下,在笋季发育成笋并长成竹。

各种类型的地下鞭芽数量多寡是判断竹林丰产能力的重要依据。毛竹低产低效林由于其成因不同,生产上可以通过地下鞭芽数量调查,为合理技术设计提供依据。如长期掠夺性经营导致竹林林分结构衰退,地下鞭系统地下壅塞,鞭段数量繁多,但是弱芽、壮芽和笋芽的数量和比例低,而虚芽节数量庞大。以施肥措施为主因管理不善引起的低产低效林,则地下鞭弱芽数量和所占比例大,而壮芽和笋芽比例较低。

二、毛竹林营造与幼林管理

(一) 毛竹林营造

1. 造林地选择

(1) 土壤条件。以土壤疏松、肥沃，排水和透气良好、土壤呈酸性(pH4.5~7)的沙壤土和壤土为宜，地下水位在1米以上；土层厚度一般要在50厘米以上；水分条件良好，或有灌溉条件；地形条件应背风向阳、坡度较平缓(小于20度)，不要在陡坡或容易积水的洼地。

(2) 交通条件。笋用林经营集约度较高，竹笋等产品收获量大，园区所在地应交通方便，经营便利。

图 18　低洼处开水沟，以利林地排水

2. 造林地整地

造林地整地的目的是清除林地杂草灌木，改良土壤理化性质，创造适于母竹发鞭长笋，利用养分的林地环境。

整地在造林前2个月内完成，可根据资金、劳动力、造林条件和经营方式，选择全面整地、带状整地或块状整地等方式进行。整地完成后，为方便竹林经营管理，应该根据林地自然地势、地貌将其划分为若干作业地块，作业地块面积小于2000平方米，建排水沟以利于林地排水(见图18)。

通常一亩地种25~35株，株行距为5米×6米或者4米×5米，采用三角形设置，挖穴规格为：长约1米，宽0.5~0.6米，深0.4米左右。

3. 造林方法

造林方法概括为选择优良母竹、适宜时间、正确栽植方法3个步骤。

(1) 母竹选择。年龄为1~2年生，母竹直径4~6米，枝下高以较低为好。竹鞭为壮龄鞭，鞭色金黄色，芽体饱满，来鞭大于25厘米，去鞭大于35厘米(见图19)。截鞭时，要求截面光滑，无撕裂现象。通常竹秆留4~5盘枝，就近移栽时可适当多留(见图20)，鞭蔸多带宿土。

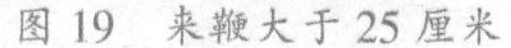

图 19　来鞭大于 25 厘米

图 20　留枝 4~7 盘幼龄竹

(2) 造林时间。在冬季和早春，即11月至次年2月栽植毛竹。

(3) 栽植技术。毛竹移植造林的关键技术是深挖穴、浅种竹、表土回填穴底(见图21)。穴深30~40厘米，表土或有机肥垫于穴底，厚度10~12厘米，穴底土应耙平，竹鞭根在土中25厘米左右位置(见图22)。母竹放入穴底，根与土密接(见图23)。两侧从侧方用表土回填，轻轻打实，而后回土到种植穴，表面做成馒头状(见图24)。表面用草覆盖(见图25)，以利保湿，天气干旱时适当浇水。

图 21　表土回填穴底

图 22　表土回填，地下鞭根在土中 25 厘米

图 23　表土回填在根盘下，鞭、土紧密相接

图 24　覆土成馒头状

图 25　盖草保湿，加固防风

栽植方式　栽植可单株或丛栽，成丛栽植一般可2~3株一丛；栽植时竹鞭应水平，鞭向一致，或成离心状(见图26)。

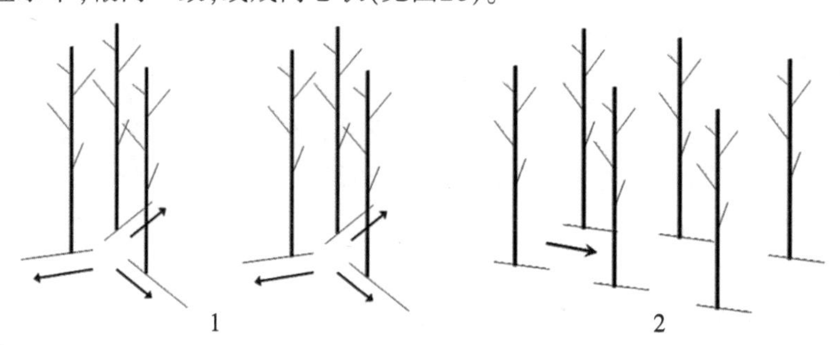

图26　毛竹栽植方式
1. 去鞭鞭向成离心状　2. 去鞭鞭向一致

(4) 扩鞭繁殖。

逐步开垦引鞭　在竹林边缘5~6米范围内，清除杂草、杂灌木和石头等，深翻20~30厘米，用枯草覆盖于林地或适当施肥，以诱导竹鞭扩鞭繁殖(见图27)。通过逐年开垦引鞭，不断扩大竹林面积。

图 27　劈山垦复引鞭扩鞭繁殖

施肥引鞭　诱鞭时间通常在5~9月，可在要诱鞭的方向直接使用厩肥、

堆肥,也可先翻土20~30厘米,再进行施肥引鞭。

(二)幼竹管理

(1)套种。前3年可间作豆类、花生、绿肥等作物,以耕代抚。不能套种芝麻、玉米等高秆作物。中耕不能损伤竹鞭和鞭芽,并将间作物收获后的秸秆埋于林地内。

(2)除草松土。

第一年至第二年每年除草2~3次,分别为3~6月、8~9月。

第三年开始,直至竹林郁闭,每年除草松土1次,可在7~8月间进行。

杂草铺于竹林地或翻埋于土中。

(3)合理施肥。

第一年秋冬,沟施有机肥10~15千克/株。

第二年开始,所留的新竹在每年的2月和9月株穴施复混肥0.25~0.5千克/株。

(4)排水灌溉。造林母竹根盘周围盖草覆土保湿。林地积水时,及时排水。久旱不雨、土壤干燥时,应及时浇水灌溉,每株15千克。

(5)护竹留笋。

新造母竹护理 及时处理新竹下陷、歪倒、露根、露鞭或因摇晃成积水穴洞,禁止牲畜进入。

竹笋留养 适量留养,删去过多的并生笋、弱笋、小笋及虫笋,保留健壮竹笋长成新竹。

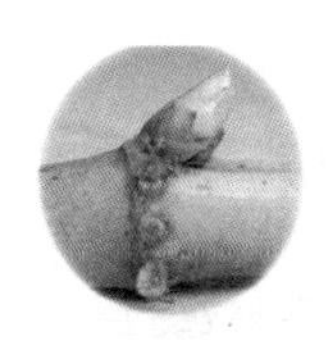

三、毛竹低产低效林改造技术

（一）毛竹低产低效林的定义和成因分析

不能较好发挥竹林的经济和生态功能，且达不到经营目标的毛竹林为毛竹低产低效林。

根据调查，毛竹低产低效林成因是多方面的，经总结可通过成因问题树进行分析（见图28）。

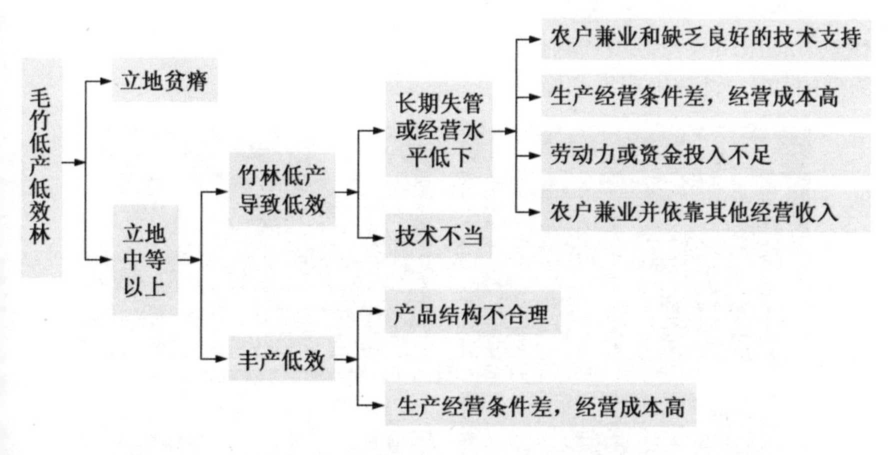

图28　毛竹低产低效林成因问题树分析

（二）毛竹低产低效林改造的技术措施

对竹林生物学特性、培育新技术的发展、低产低效林的实际情况和区域社会经济技术特点开展技术设计，是毛竹林改造技术手段的出发点。

1. 毛竹分类经营和定向培育的类型

按照毛竹林立地状况和生产经营条件，将毛竹低产低效林划分为两大类：① 立地贫瘠和生产经营条件极差，目前难以开展人工林经营的毛竹林，界定为生态公益林类竹林，在条件允许的情况下适当对竹材进行采伐，一般不进行低产林改造和定向培育。② 其他林地。根据立地条件和生产经营状况，开展低产低效林改造和定向培育。

通常将毛竹林定向培育分成三大类型，即笋用林、笋材两用林和材用林。在笋竹市场较为成熟的条件下，可以按照以下原则进行分类区划：① 坡度较平缓(20度以下)、经营便利、立地条件好的地类，实施毛竹笋用林经营(含冬笋、鞭笋丰产经营)。② 坡度较大(25度以下)、经营较便利、立地条件一般的地类，实施毛竹笋材两用林丰产经营。③ 坡度较大、经营不便、立地条件中等的地类，实施材用竹林经营。

事实上，从低产低效林向丰产高效林定向培育，一般经历着低产低效林→笋材两用林→笋用林或材用林定向培育的进程(见图29)。随着经营集约度的加大，竹林生产力和经营效益逐步提升。

图 29　低产低效林向丰产高效林定向培育

1. 低产低效林　2. 笋材两用林　3. 林用林　4. 笋用林

竹林经营是指在为社会提供丰富林产品的同时，通过产品生产取得良好的经营效益,实现效益最大化是经营者经营的主要目的。因此,在对低产低效林的定向培育过程中,应通过产品结构调整和减低生产成本等形式,提高生产投入和经营效益。主要包括：① 在提高竹林产量的基础上,通过笋竹产品结构的调整和质量的提高,提高产品价值,增加经济收入。如毛竹笋有春笋和冬笋,其中冬笋的产量较低,但价值较大。竹笋采收时,在对竹林生产影响较小条件下,可通过降低春笋的产量,尽可能多采收冬笋;通过良好的土壤和水肥管理,以及实施无公害生产技术等措施,提高竹笋品质。② 降低相对投入,提高绝对产出。分类经营和定向培育是降低相对投入的重要经营策略,通过实施分类经营,发挥竹林最大自然生产力,提高单位投入的经济产出。经营者可通过采取先进的经营技术和管理手段,如优化营林措施、开设竹山便道、改善生产条件等手段。如竹林机耕路是提高竹林经济效益的有效措施,每千米机耕路可直接降低竹林生产成本1.5万~2.7万元/年(见图30)。降低竹林经营的相对投入,从而实现竹林经营的效益最大化。

图30 机耕路

2. 竹林施肥的常用方法和特点

竹林施肥方法一般有4种,分别为蔸施、沟施、穴施和撒施。

(1) 蔸施(见图31)。在竹子竹蔸上坡，沿竹蔸30~40厘米开沟，沟深15~20厘米，沟宽10~15厘米，沟长以半圆为最佳。将肥料施于沟中，并加土覆盖。蔸施法的特点是：① 节省施肥用工，特别是在未经垦复的荒芜竹林能提高工效。② 陡坡施肥肥料不易流失。

图 31　蔸施

(2) 沟施(见图32)。沿水平带方向开沟，水平带间距2~3米，沟深20厘米，沟宽20厘米，将肥料施于沟中，加土覆盖。沟施法的特点是：① 施用肥

图 32　沟施

料处于20厘米土层，经溶解和转移，根据地下鞭生长趋肥特性，诱导竹鞭在20~30厘米土层生长，形成良好的地下鞭空间结构。② 沟施法使林地沿水平带形成阶梯和土壤疏松带，能起到蓄水保水的作用。③ 每一施肥沟的开垦，相当于对土壤的深垦，部分替代垦复作用。

(3) 穴施或鱼鳞坑施。一般结合竹笋采收和竹材伐蔸清理等进行，也可挖鱼鳞坑，将肥料施于挖笋的笋穴(见图33)或伐蔸(见图34)或鱼鳞坑(见图35)中，并加土覆盖。

图 33　笋穴施肥法

图 34　伐蔸施法

图 35　鱼鳞坑施法

采用以上施肥方法时要注意，不能将肥料直接施于竹鞭、竹根和竹蔸上，以免造成烂鞭、烂根。

(4) 撒施(见图36)。全林撒施并通过垦复或浅削松土的方法翻入土中。

以上施肥方法在使用效果和用工量的要求方面各有特点，可以根据定向培育类型选择使用。

图 36 撒施法

3. 毛竹纯林经营和混交林经营

毛竹经营纯林好，还是混交林好，长期以来争议颇多。在一般经营条件下，提倡竹木合理混交有利于提高土壤通透性和土壤肥力，防止竹林衰退和地力下降，改善竹林生态环境，增加生物多样性，保护天敌，抑制病虫害的猖獗发生。

在海拔较高、风雪危害严重的竹山，竹木混交还有利于减少风倒雪压的危害。但是与混交林相比，毛竹纯林也有其优势，尤其是在交通便利、立地条件好的山地，提高竹林经营集约度，可以在相对投入较大的情况下，取得产量丰产和经济高效。因此，毛竹采取纯林经营或混交林经营，应视竹林的实际情况进行。一般情况下，按照笋用林定向培育类型开展生产经营的毛竹林，以毛竹纯林方式较好。同样，在其他定向培育类型中，通过合理稀伐并保留目的树种，形成以毛竹为主的混交林优化结构，对提高竹林生产力和经营效益是非常必要的。

对毛竹刚入侵的竹阔混交林，一般只能间伐成熟的大径木，保留中小径级林木，并劈除灌木、杂草和藤蔓，创造有利于毛竹生长的环境。在改造时应优先选留树干通直、窄冠幅的落叶树种如枫香、拟赤杨等(保留3~5株/亩)。特别要选留具有根瘤菌、菌根菌的固氮树种，如杨梅、红豆杉、山杜英、花榈木、山合欢和山柿等。在山坡下部少留，经过逐年改造，以形成8竹2阔或9竹1阔的混交结构；中上坡、阳坡或陡坡多留，按8竹2阔或7竹3阔的比例改造；上

坡、急坡或雪压严重的竹山，阔叶树的比例宜增大，按6竹4阔(见图37)的比例改造。山顶陡坡应以保水固土，涵养水源为根本，树木多留少砍，加大立竹密度，适当增加林下植被(见图38)。立地条件越差，树木留的越多，山顶应保留阔叶树戴帽，山脚穿鞋，这样才能保持适于毛竹生长的生态环境。

图 37 毛竹针阔混交林

图 38 毛竹林缘套种

对于已经经营的竹木混交林，如树木过多，可先砍除部分霸王木，调整阔叶树的比例。如阔叶树已不多，但树冠庞大，可采取强度修枝，缩小冠幅。同时通过护笋养竹等方法，增加竹子数量，提高竹林立竹度。

4. 毛竹的大小年经营和花年竹林经营

毛竹林传统经营习惯于培养大小年竹林。根据研究，大小年不分明的竹林(花年竹林)其产量比大小年毛竹林一般可增产15%~25%。因此部分地区在开展低产低效林改造的时候，要求在春笋小年留养新竹并逐渐形成为花年竹林以提高产量。

相对大小年经营竹林，花年竹林在经营管理水平较低的情况下，既要每年留笋养竹，也要每年采伐老竹，以保持竹林中每年的孕笋竹和换叶竹数量大致相等，每年都要进行施肥管理和竹笋采收，用工大，产量增长和投入相比边际效益低。相对而言，大小年分明的竹林，用工比较少，经营效益高。因此，在竹林经营水平一般或较低的情况下，以经营大小年分明的竹林

较好。对经营集约度很高的笋用林和竹笋采收量少、经营强度较低的材用林,可以采用花年竹林经营的模式进行。

5. 毛竹低产低效林改造的技术环节

毛竹低产低效林改造从技术上讲主要解决两个方面的问题:一是根据林分状况和立地条件,改善竹林结构,发挥林地最大的自然生产力;二是通过土壤管理,为竹林生长提供良好的生长环境和营养条件。其主要技术环节包括:

(1) 劈山除杂,清理林地(见图39)。劈山除杂即将竹林的杂草、灌木砍去。一般安排在夏季5~8月,此时正值高温高湿气候,砍下杂草容易腐烂。劈除林内的丛生杂草,砍除林内灌木、藤木,间伐或剪去部分影响竹林生长的杉木或阔叶乔木的枝条。对于土壤紧实的毛竹林地,最好能挖蔸掘根,把被树蔸占据的土壤空间释放出来,为鞭根生长创造良好条件。所劈下的青草、杂灌的嫩枝和叶都可以作为毛竹林的有机肥料,为竹林改造提供天然的有机肥源。劈山除杂对竹林低产改造的头一二年增产效果很好,其增产幅度为20%~60%,因此是低产林改造普遍采取的措施之一。

图 39　劈山抚育

(2) 垦复挖山,疏松土壤(见图40)。垦复挖山的目的在于疏松土壤,促

进竹鞭的延伸和发展,促使多发笋长竹。一般情况下每年竹鞭的生长长度约2米,而在土壤坚实且竹蔸、树根、石头多的林地里,竹鞭的延伸生长就受到限制,甚至常会因为遇到障碍鞭尖被折断,为了能使鞭迅速地延伸生长,垦复挖山、去除树蔸、竹蔸、石头,疏松林地土壤是极为重要的。调查结果表明,在疏松的土壤中,毛竹鞭一年的生长长度可达5米之多。因此,垦复挖山在改造衰败低产毛竹林中显得极为重要。垦复挖山时,要求挖去林地竹蔸、树蔸。一般情况下,垦复深度为15~20厘米。为防止水土流失,挖山垦复只能在坡度小于25度的缓坡进行,对坡度为25~30度的竹林采取带状垦复,对坡度为35度以上的陡坡竹林禁止垦复。垦复的时间视毛竹林的大年、小年而有不同,小年(指当年春天出笋少的年份)在夏季垦复为好,7月底前结束。因为小年的下半年约8月开始,地下部分笋芽膨大,开始孕笋,此时若垦复挖山,容易伤鞭伤芽,影响笋芽生长。大年垦复有较长的时间进行,一是梅雨前的夏季,二是秋冬季。挖山时要尽量少伤新鞭新芽。垦复挖山时要注意垦复的方式,在竹蔸、树蔸集中的地方以挖尽竹蔸、树蔸为原则;在无竹蔸、树蔸之处,主要是深翻,深翻时要注意不要敲碎土块,土块之间呈覆瓦状排列。这样,既有利于疏松土壤,通气逐水,又能促进杂草落叶的分解。必须指出,在林地土壤疏松的情况下,不要一概强求垦复挖山,特别对于乔木繁茂

图 40　竹林垦复

的混交竹林，地被物较少，只要土壤疏松，可以不必垦复。倘若林内有杂灌木，可以考虑挖除杂灌的根蔸及竹蔸。

根据对毛竹低产低效林定向改造的设计，对竹林的劈山抚育和深翻垦复技术可以参照表3的方案进行。

表3　毛竹低产低效林改造深翻垦复技术方案

类型	林地管理之一	定向培育类型	林地管理之二
毛竹低产低效林	劈山抚育。对改造笋用林建设的竹林进行削山锄草，而材用林一般使用除草剂	材用为主两用林	通过树桩、伐蔸清理进行林地垦复，部分实行块状垦复。垦复强度为1/4~1/3。用6年左右时间达到全林垦复
		一般笋材两用林	带状、块状垦复和伐蔸清理等垦复措施，垦复强度为1/4
		春笋型笋用林	结合施肥，进行带状垦复，垦复强度为1/5；对树桩、伐蔸清理，垦复强度为1/5左右；结合竹笋采收，进行林地垦复强度为1/4，合计强度3/5~2/3
		冬笋型笋用林	

(3) 保护冬笋，留养春笋。为恢复竹林，要保护好冬笋，根据挖笋不伤鞭、伤芽的原则，可及时挖掘浅鞭笋、露头笋，增加经济收入。此外，冬天野外食料较少，冬笋便成了野猪的主要食料来源。因此，冬季有野猪的竹区要采取有效措施防范。同时，要禁止在出笋大年前的冬天砍竹，以利于已孕育笋芽的正常生长。

残败毛竹林经过林地清理等措施后，发笋情况会有很大的改观。但毕竟因为竹林立竹基础差，虽然成竹率较高，一般可达40%~55%，但因为出笋的总数少，笋体也小，所以成竹的绝对数量也少。同时，由于竹林分布不均匀，形成不少林中空地(俗称天窗)，为尽快增加这些林中空地的立竹量，可采用垦复、施肥、引鞭、扩鞭及必要时人工就近移植母竹，以尽快提高竹林的均匀度。

主要技术步骤如下：

第一，保留适当的密度。根据定向培育类型立竹结构的目标要求，确定留养数量。如果原有立竹密度较低，则应适当增加留养新竹的数量，一般按

上一年度留养株数增加30%左右为宜,通过1~2度留养,逐步增加密度。

第二,留养的时间。在发笋盛期的3~5天时间内留养。在确定留养数量后,准备相应数量的竹签备用,把做好的竹签带到竹林,在要留的笋旁边插一根竹签作标记,留足够的数量后,其余的竹笋均可采收。因为气候的变化和经营水平提高,发笋盛期会提早,所以不能按传统习惯固定时间(在浙江的大部分地区,传统竹笋留养一般在清明节前后进行)留笋成竹,要根据实际情况来留养竹笋成竹。

第三,留养竹株的要求。根据“壮、匀、空”的原则选留竹笋留养,即留养粗壮竹笋。根据竹株分布的均匀情况,在竹株密的地方适当少留笋,在竹林稀疏的地方尽量早留、多留,保持竹子分布均匀;在林中空地、林窗,利用竹鞭有趋松、趋肥的趋性生长特性,通过松土、施肥等技术措施,促使竹鞭延伸到林内空地,长鞭发笋,提高立竹整齐度(见图41)。

图41 根据“壮、匀、空”的要求选留竹笋留养

(4) 合理砍伐。按照毛竹生长规律及生产的具体要求,确定各种林地的砍伐要求,并特别注意不能在出笋前砍伐竹子。一般要求砍伐5年生或7年生(即3度)以上的竹子。为便于识别竹龄,防止错砍、漏砍,在每年出笋成竹后,对新竹进行划号标记,砍伐可根据竹子上标记的年度按龄砍伐。同时,要掌握好砍竹季节,要在出笋多的大年秋分以后至次年立春前进行砍伐,

以防伤流影响孕笋以及幼竹的生长。

(5) 防治病虫害。毛竹出笋一旦有虫危害,常常造成退笋而不能成竹。成片的竹林一旦发生食叶害虫(如竹蝗、竹毒蛾)等的侵害,不仅会影响其竹林的生长与产量,严重时,会导致竹林成片死亡。特别对于低产竹林,由于竹子生长较弱,抵御侵染能力低,更容易遭受病虫害威胁。而对实施改造的低产林,由于大量的新竹长成,也为病虫害繁殖提供了有利条件,病虫害往往大量增加。因此,在低产林改造中,更要加强病虫害的预测、预报工作,及时防治病虫害,把病虫危害损失降到最低程度。

(6) 毛竹林地下鞭系统的管理。低产低效型毛竹林中竹林地下鞭结构较差,幼龄鞭和壮龄鞭比例少,总有效鞭段数量少,老龄鞭比例较高,地下壅塞和地下鞭明显上浮等现象非常突出。

另外,通过改造和实施定向培育管理的竹林,施肥和林地垦复等经营措施,使竹鞭生长旺盛,容易形成大量的长鞭段;而受竹鞭生长趋性的影响,部分竹鞭形成跳鞭,不能深入土中。因此,必须通过合理清除老化的竹鞭和断鞭、埋鞭等措施进行地下鞭管理,控制竹鞭生长,优化竹鞭系统结构。

埋鞭处理 (见图42) 浮于表面不能深入土中,缩小了吸收营养的面积,造成竹鞭营养不良,笋芽分化减少,而且严重影响竹笋单株重量和质量,用埋鞭和覆土的方法均可调整竹鞭分布,促进竹笋单株重量增加,改善外观形状。埋鞭方法,埋鞭时先掘宽20厘米的沟,将鞭置于其中,鞭梢向下,而后先覆土8~10厘米,然后踩紧,再将挖起的深土埋上。埋鞭的深度一般以20~25厘米较好。

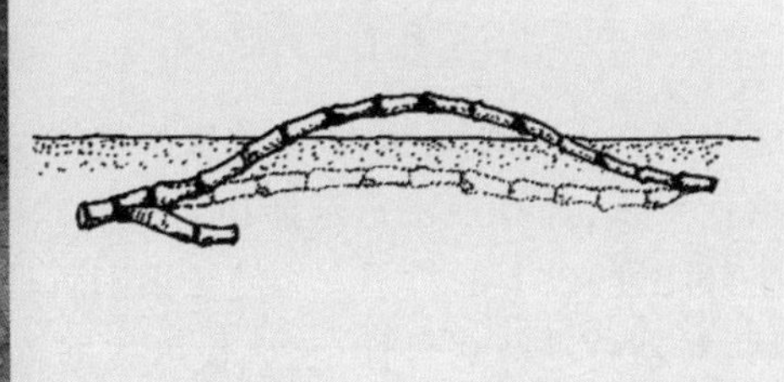

图 42　埋鞭处理

断鞭处理(见图43)　断鞭是一种鞭梢处理方法,一般可结合采挖鞭笋进行。断鞭一般在7~9月进行,10月以后断鞭不易再抽发新鞭,断鞭措施即应停止。为使地下竹鞭分布均匀,合理利用地下空间,幼壮龄鞭段所占比例大的竹林断鞭宜短,可以迅速增加发笋鞭段;老龄鞭段所占比例大的竹林断鞭宜长,以促进生长,调节鞭的生长势。在新老鞭比例适中的情况下,粗壮鞭要短,细弱鞭要长,因为粗壮鞭若断鞭长,所留部分短,新鞭长势太弱,无法形成强壮的发笋鞭。只有壮鞭短断,弱鞭长断,才能形成良好的发笋鞭段。

图 43　断鞭处理

衰老竹鞭的清理　通过林地深翻垦复和进行伐蔸挖除、沟施法施肥等措施时,用追挖老鞭等方法进行清理。

竹蔸处理　在竹林删伐更新过程,竹蔸通常因挖掘困难而保留在林地中,竹蔸在林地中占据了一定的空间。毛竹一个竹蔸所占的林地空间达到0.4平方米,连续3度在林地保留的竹蔸所占的竹林面积就达10%,因此,应通过人为的方法清理竹蔸,包括伐蔸施肥、人为破除伐蔸等促其腐烂,以释放林地空间,提高竹林利用率(见图44、45)。

(7) 毛竹林的施肥管理。在我国低产竹林改造和丰产技术推广中,也有

图44　伐蔸根系延伸可达80厘米

大力提倡增施有机肥，这对培肥竹林土壤，均衡提供竹子各种营养，提高竹林生产力的确有重要作用和价值。但是随着经济的发展，劳动力价格的提高，有机肥所具有的养分含量低，体积大，运输和施用要花大量劳力等缺陷，不可避免地妨碍了在竹林的大面积施用。

图45　人为破除伐蔸促进腐烂

模式一：测土配方施肥——养分施肥调控技术模式。从养分资源出发，针对不同的土壤和肥料效应的时空变异规律，将土壤养分的供应持续调控到竹林所需要的适宜水平。将以养分平衡为基础的底肥推荐和以土壤快速测试为手段的追肥推荐的有机结合，通过土壤测试确定具体竹林的推荐施肥量。

施肥原则为：调控施用氮肥，监控施用磷钾肥，配合施用有机肥。

土壤快速测试推荐施肥技术体系如下图所示：

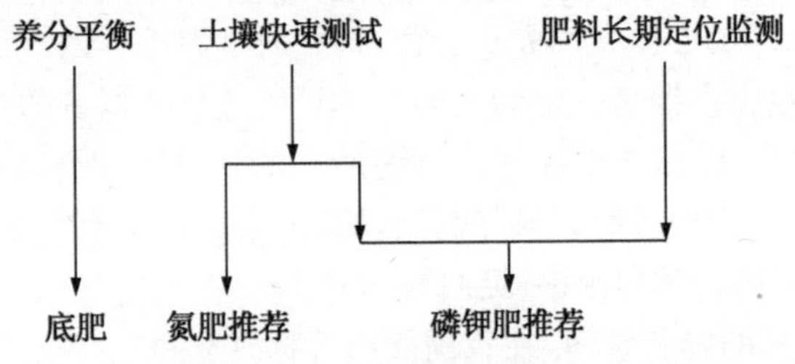

图46　土壤快速测试推荐施肥技术体系示意图

底肥推荐量　根据竹笋目标产量，通过养分平衡的计算初步确定用肥量，并确定底肥的用量。

追肥推荐量　将土壤速测应用于追肥推荐：考虑到土壤肥力的维持和提高，利用快速简便的营养诊断技术确定追肥用量，适应不同肥力土壤、不同气候条件下的竹株反应。对施氮量较大的地区，可降低氮肥用量，减少污染，对施氮量不足的地区可有效地发挥氮肥的增产效应。其中推荐磷、钾，采取以下原则：第一，对磷、钾元素增产效应较高的，通过施用化肥来保证土壤养分的收支平衡或略有盈余；第二，对磷、钾元素尚未显效，强调适当增加有机肥料的施用，减少养分的亏缺。

优化耕作方式　将改进施肥技术与挖掘竹株高效利用养分的生物学途径相结合。

模式二：根据养分施肥调控技术模式，构建毛竹测土配方施肥技术模式。

毛竹笋两用林定向培育的测土配方施肥技术模式见表4。

表4　毛竹笋材两用林定向培育的测土配方施肥技术模式

大小年	4~6月	8~10月
	发鞭长竹肥	笋芽分化肥
春笋小年	N:P:K=5:2:3 沟施，蔸施	N:P:K=2:1:1

说明：根据林地土壤氮(N)、磷(P)、钾(K)养分状况和竹林立竹密度调整肥料组成和施肥量。用肥量按N:P:K=5:2:3，30%有效量计算，1度竹林施肥量为600~900千克/公顷。

生产上，一般以笋材两用林改造目标为例，竹林的施肥量约40~75千克/亩，按尿素和过磷酸钙各半的配比混合施放；施肥方法采用沟施或穴施，沟(穴)深达20厘米以上，施后覆土。

四、毛竹冬、春笋型笋竹林高效培育关键技术

毛竹冬春笋型笋竹林培育的关键技术环节见图47。其技术构成是以竹笋安全生产为基础是涉及土壤、水分和竹林结构管理等技术措施的一整套技术体系。在这套技术体系中,水肥管理和竹林结构管理是冬笋丰产的基础,竹笋

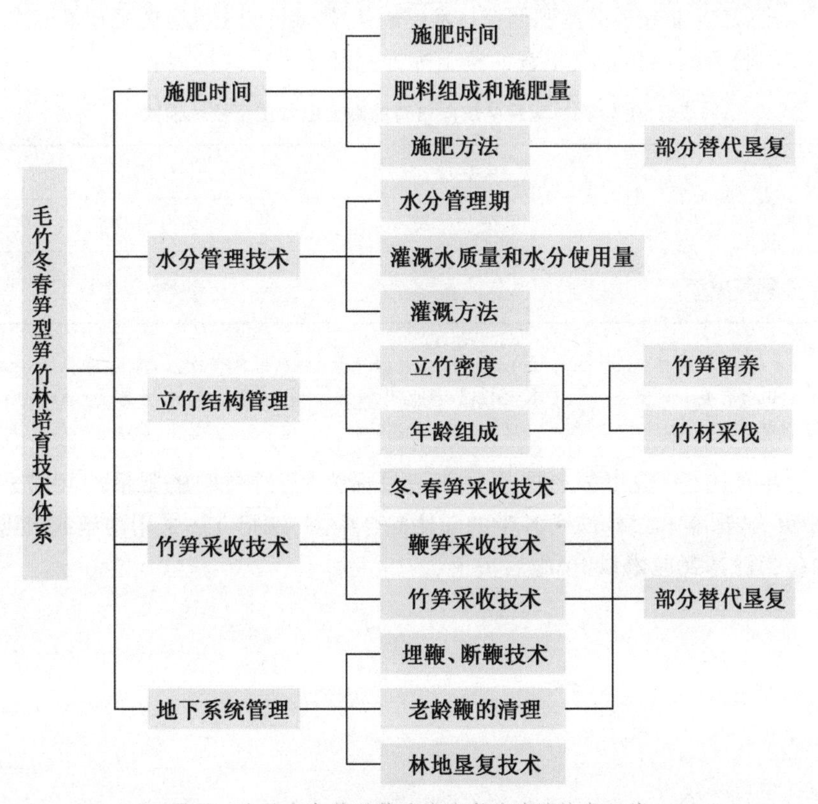

图47 毛竹冬春笋型笋竹林培育的关键技术环节

合理采收是实现以冬笋、春笋为主要目标产品的重要技术途径。

传统毛竹笋材两用林培育因冬笋产量较低，一般仅在春节前后进行适当采挖,而部分地区因为存在乱挖滥挖现象而禁挖冬笋。冬笋采收技术也局限在开穴挖笋。在毛竹冬春笋型笋竹林培育中,冬笋的合理采挖是一项重要技术措施,图48和图49展示的是冬春笋型笋用林基地的冬笋生长和冬笋采收情况。只要竹林培育技术得当,冬笋是毛竹林经营丰产高效的重要途径。

图 48　冬笋生长

图 49　冬笋采收

(一) 毛竹冬春笋型笋竹林的立地条件选择

毛竹笋用林基地建设应综合考虑以下几点：

(1) 立地选择。应选择在山谷平地、坡度平缓、土壤深厚肥沃、水湿条件良好、通气排水优良和光照条件好的地方。

(2) 交通方便。毛竹笋用林经营集约度高,无论从产品生产,产品销售,或是生产原料的供给,都需要有比较方便的交通条件,才能保证竹笋质量,降低生产成本。

(3) 临近水源。临近水源,以便孕笋期、笋期进行灌溉。

(4) 防止污染。竹笋作为一种蔬菜,栽培经营时应保证其食品卫生质量。要远离有污染的地区,避免灌溉水中重金属离子超标。

(5) 规模与设施。要产生一定的经济效益,必须形成一定规模经营笋用竹林。一般经营区竹林面积不少于50公顷,才能充分发挥各种设施(道路、水分灌溉设备)的功能,降低经营生产成本。

(二) 毛竹冬春笋型笋竹林的施肥管理

1. 施肥模式

根据测土配方施肥——养分施肥调控技术模式,按照竹林大小年生长对养分的需求,施肥方法见表5。用肥量,按N:P:K=6:1:2,30%有效量计算,1度竹林施肥量为150千克/亩。其中春笋大年占施肥量的30%~40%,冬笋小年占60%~70%,发鞭长竹肥占总用肥量的75%以上。

表5 毛竹冬春笋型笋竹林施肥模式

<table>
<tr><th rowspan="2">年 份</th><th>3~4 月</th><th>5~6 月</th><th>8~10 月</th><th>11 月</th></tr>
<tr><th>发笋肥</th><th>发鞭长竹肥</th><th>笋芽分化肥</th><th>孕笋肥</th></tr>
<tr><td>春笋大年</td><td>穴施</td><td>N:P:K=5:1:2
沟施、蔸施</td><td></td><td></td></tr>
<tr><td>春笋小年</td><td colspan="2">发鞭长竹肥
N:P:K=6:1:2 或 5:1:2
沟施、蔸施</td><td>N:P:K=2:1:1</td><td>有机肥撒施,结合削草入土</td></tr>
</table>

2. 施肥技术的乡土设计

(1) 施肥时间。毛竹冬笋为主的笋竹林施肥主要时间是毛竹春笋小年的4~5月和8~9月。而4~5月最佳时间是指毛竹换叶结束,新生长叶长到2~3厘米(幼叶期)(见图50)。

一般在冬笋期结束,结合冬笋全垦式采收和春笋大年的6月,留养新竹发枝展叶后也要进行笋后施肥。

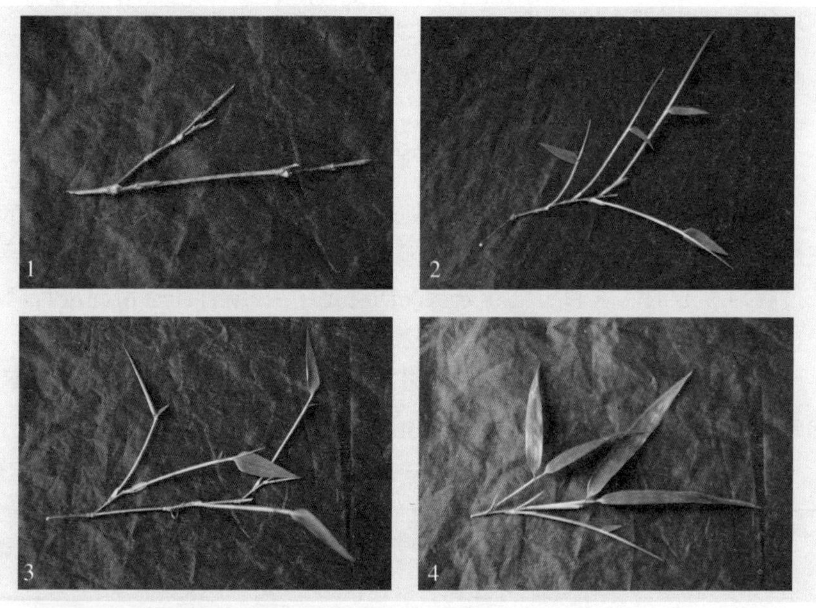

图50　毛竹换叶期竹叶生长动态图

1. 针叶期(2~3月)　2. 幼叶期(4~5月)　3. 成叶期(5~6月)　4. 绿叶期(8~9月)

(2) 施肥方法。① 发鞭长竹肥,应采用沟施法或伐蔸施法,严禁使用撒施法。推荐使用沟施法。② 笋芽分化肥,采用撒施法,结合削草松土,翻入土层。

采用以上方法时要注意,不能将肥料直接施用竹鞭、竹根和竹蔸上,以免烂鞭、烂根。

(3) 肥料组成和用肥量(见图51)。① 毛竹春笋小年的幼竹期(4月中旬至6月),氮肥适宜推荐量为180~240千克/公顷,磷肥推荐量为30~40千克/

公顷，钾肥推荐量为60~80千克/公顷(模式施肥，下同)。② 笋芽分化期(8~9月)，施肥N:P:K以2:1:1为好，适宜推荐量为80~98千克/公顷。

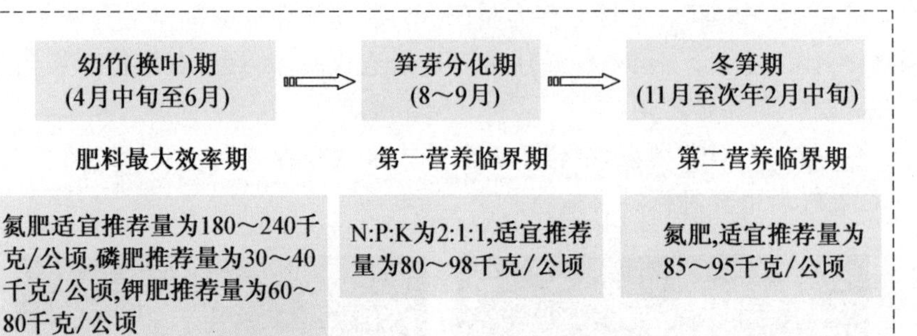

图51　毛竹冬春笋型笋用林施肥期及肥料组成

采用竹林测土施肥，则主要技术过程包括：第一，土样的采集、调查与测试。分析土壤速效氮、磷、钾、有机质等土壤养分水平。第二，根据竹子生长过程对养分的需求和土壤养分状况的测定结果，结合经营情况进行肥料配比，包括肥料品种、施用量、施用方法和施用时间等。

根据浙江省11个县(市、区)3年来2400多个土壤样品分析，设计了不同经营类型的毛竹配方施肥方案(见表6)，以供参考。

表6　毛竹笋用林配方施肥推荐使用量

当年竹林大小年状况	竹林立竹密度(株/亩)	建议施肥量(千克/亩)	肥培情况和建议使用肥料组成
春笋小年竹林	<120	60	没有施用过肥料或施用过复合肥(N:P:K=1:1:1)，施用的肥料配比为：尿素 25 千克，过磷酸钙 30 千克，氯化钾 4 千克
	120~140	70	
	>140	80	
春笋大年竹林	<120	30	没有施用过肥料或施用过复合肥(N:P:K=1:1:1)，施用的肥料配比为：尿素 25 千克，过磷酸钙 20 千克，氯化钾 4 千克
	120~140	40	
	>140	50	

续 表

当年竹林大小年状况	竹林立竹密度(株/亩)	建议施肥量(千克/亩)	肥培情况和建议使用肥料组成
春笋小年竹林	<120	50	已施用过配方肥,施用的肥料配比为：尿素 25 千克,过磷酸钙 25 千克,氯化钾 4 千克
	120~140	60	
	>140	70	
春笋大年竹林	<120	30	已施用过配方肥,施用的肥料配比为：尿素 25 千克,过磷酸钙 25 千克,氯化钾 4 千克
	120~140	40	
	>140	50	
春笋小年竹林	<120	65	没有施用过肥料或施用过氮肥,如尿素、碳铵等,施用的肥料配比为：尿素 25 千克,过磷酸钙 35~40 千克,氯化钾 4 千克
	120~140	75	
	>140	85	
春笋大年竹林	<120	30	没有施用过肥料或施用过氮肥,如尿素、碳铵等,施用的肥料配比为：尿素 25 千克,过磷酸钙 20 千克,氯化钾 4 千克
	120~140	40	
	>140	50	

说明：在肥料混合时适当掺加饼肥或风干土。施肥时间为4月中旬至5月上旬,采用沟施法。

(三) 毛竹冬春笋型笋竹林的水分管理

1. 水分管理模式

毛竹冬春笋型笋竹林的水分管理模式见图52。笋芽分化期至冬笋期,山地黄红壤的中壤土,在连续干旱15~25天,土壤相对含水量在55%以下,进行1次灌溉。灌溉后耕作层(30厘米)土壤相对含水量达到85%以上。

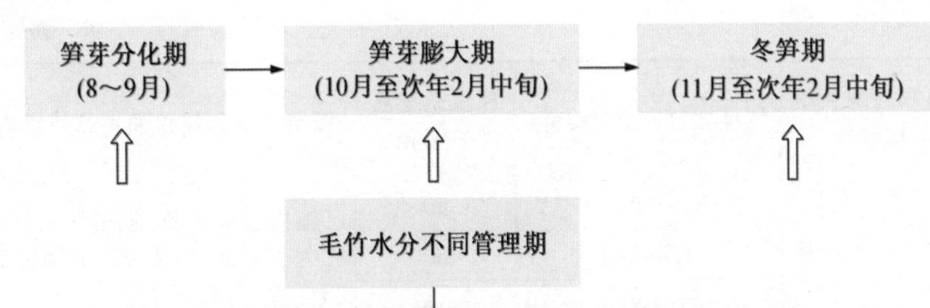

技术参数:山地黄红壤中壤土,连续干旱15~25天,土壤相对含水量在55%以下,进行1次灌溉。灌溉后耕作层(30 厘米)土壤相对含水量达到85%以上

图52　毛竹冬春笋型笋竹林水分管理技术模式

2. 技术设计

冬春笋型笋用林对水分的要求高,通过灌溉措施,可以弥补降水的不足和时空上的不均,保证适时适量满足竹林生长对水分需求,降低生产经营风险。

(1) 竹林灌溉。可以采用自然水源或提水建池蓄水,然后利用水的自然落差压力进行喷灌(见图52至图54)。从引水灌溉经济合理性出发,要考虑三点:① 实施灌溉竹林附近具备水源。② 水质无污染符合竹林灌溉的要求。③ 通过较简便的引水措施能够到达相应的位置,满足灌溉的需要。

图 53　山塘水库水源

图 54　水分管理设施:蓄水池

(2) 蓄水池的大小和数量。主要取决于水源流量与需要灌溉的竹林面积。当水源充足时，一般灌溉1300平方米的竹林配有1立方米的蓄水，即能满足需要；若水源较小，蓄水量则应适当加大，一般要求蓄水池一次蓄水能在48小时内完成，以便充分发挥灌溉效率。当需灌溉的竹林面积较大，蓄水量很大时可以按灌溉区域分别建池蓄水。特别要注意的是，应根据使用水源的类型(山涧水、河流、水库、池塘等)和竹林的相对位置的出水量，特别是干旱季节的供水量和有多大的水头落差可以提供多大的工作压力，来选择使用喷灌系统或漫灌系统(见图56、57)。

图 55 水锤泵无动力引水

图 56 竹林专用水分喷灌系统

图 57 漫灌

竹林灌溉是建池畜水利用水的自然落差产生压力进行喷灌，因此蓄水池的位置应选在地势较高的山顶或山脊上，与实施喷灌的竹林间的落差要达10米以上，以便产生足够的工作压力。当然，建造水池用的水泥、砖块等建筑材料需要搬运，交通因素可以一并考虑，但决不能因为贪图方便而过

多地损失水头落差，以至于导致工作压力不够而无法进行喷灌。

(3) 用水进行过滤。竹林灌溉一般利用山涧、河流、水库、井泉作为水源。这种水源通常泥沙及枯枝落叶等杂质较多，也较容易滋生水藻，极易产生管网堵塞，通常需要过滤。竹林灌溉一般采用塑料管网地埋，一旦堵塞则不易排除，而喷头长时间在含沙的高速水流下工作，其旋转机构、喷嘴均会受到损坏。如果水中含杂质较多，堵塞喷嘴或出水不畅，喷头腔内压力有时会超出工作压力很多，长此下去，会导致喷头旋转体，甚至外壳爆裂。由于水中含沙量或有机质过多引起喷头停转、喷头损坏时有发生。因含沙量过多，无过滤而导致铜喷头被打穿的情况也曾有发生。

过滤的办法是对水用筛网进行初步过滤或沉淀处理后再引入蓄水池。而蓄水池的水进入管网前用80~100目网筛过滤，以达到净化水质的目的。

(4) 喷头选择。喷头种类很多，每种喷头都有自己特有的使用范围，选择喷头时，应考虑以下一些因素：① 水压和流量是竹林灌溉的关键。每一种喷头都有其自己的工作压力，所选择的喷头应满足现场可提供水压力和流量要求。② 喷头的喷灌强度不能大于土壤入渗率，低灌溉强度的喷头在坡地喷灌中常用，这样可以减少地表径流和水土流失。③ 竹林喷灌通常采用旋转式喷头。一般来说，每个旋转式喷头都有一个或两个喷嘴，可以作全园喷洒。绝大多数喷头的工作压力在150~700千帕，这射程范围为6~30米。竹林喷灌由于面积较大，选用旋转式喷头是比较经济的。

在喷灌半径60%以外，即喷头射程的后40%部分，随着距离的增大，水量越来越小(见图58)，需要用相邻的喷头重叠喷灌的方法来增加灌水量，提高灌水均匀度。在竹林喷灌中，不要求灌水十分均匀，一般喷洒半径重叠20%即可，因此，相邻喷头的最大间距是各自喷洒半径的80%之和。

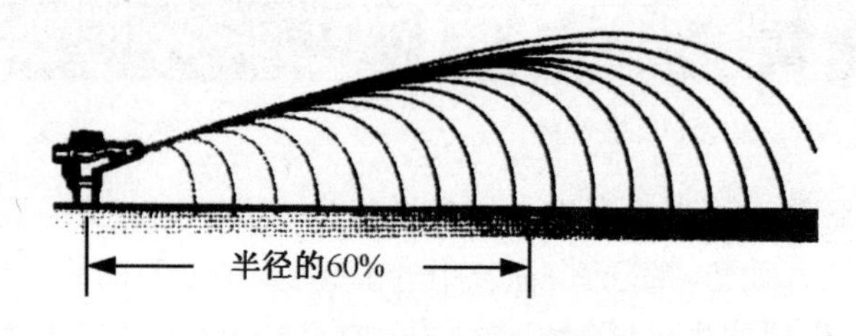

图 58　喷头射程 80%的位置

(5) 划分轮灌组。灌溉系统的工作制度通常有续灌和轮灌两种。续灌是对系统内的全部管道同时供水,即整个灌溉系统作为一个轮灌区同时灌水。其优点是灌水及时,运行时间短,便于其他管理操作的安排;缺点是干管流量大,工程投资高,设备利用率低,控制面积小。因此,续灌只用于面积较小的竹林。

对于绝大多数灌溉系统来说,为减少工程投资,提高设备利用率,扩大灌溉面积,一般均采用轮灌的工作制度,即将支管划分为若干组,每组包括一个或多个阀门,灌水时通过干管向各组轮流供水。① 轮灌组的数目应满足竹林需水要求,同时使控制灌溉面积与水源的可供水量相协调。② 每个轮灌组的总流量尽可能一致或相近,提高水分利用效率。③ 同一轮灌组中,选用一种型号或性能相似的喷头。④ 为便于运行操作和管理,通常一个轮灌组所控制的范围最好连片集中。

(6) 管道和喷头安装。喷头的顶部应高出地面2米左右,这样喷出的水既不至于被较高的后坡阻挡,也不会被下坡方向的竹叶所阻挡,同时也便于操作。喷头与支管的连接,最好采用铰接接头或柔性连接(见图59),可有效防止由机械冲击,如作业或人为活动而引起的管道和喷头损坏。同时,采用铰接接头,便于施工时调整喷头的安装高度。

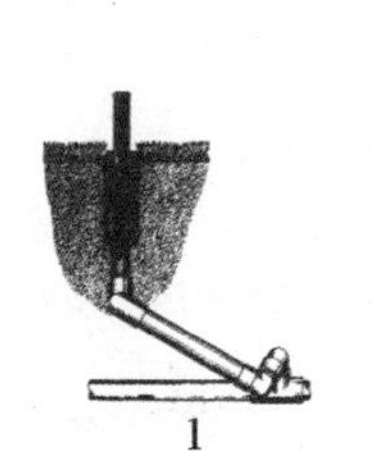

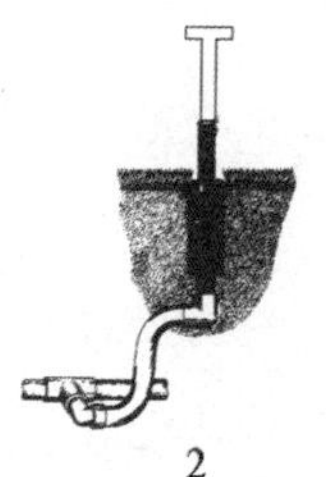

图 59 喷头与支管的连接

1. 铰型连接 2. 柔性连接

在安装和选址时要注意:① 在已有竹林的地块内施工,除尽量保护现有竹林、竹鞭外,要特别注意管网的安全性。竹林内有挖笋、松土锄草等人为活动,容易损坏管道,因此管道应尽量避开活动区域,并做好标记。② 在干管和每条支管上应安装放水装置,以便于冲洗管道以及冬季防冻。即使在无冻害的地区,在非灌溉季节一般也应放空管道,防止水长期滞留在管

道中产生微生物,附着在管壁和喷头上影响喷灌效果。③ 对于系统压力变化或地形起伏较大的情况,支管阀门处应安装压力调节设备,使支管进口处压力均衡,保证系统的喷洒均匀度。

(7) 制订灌水计划。根据降水和竹林对水分需求情况决定,在本地一般连续干旱15~25 天左右,进行1次灌溉。灌溉后30厘米土层土壤相对含水达到85%以上。

(四) 竹林结构动态管理技术

毛竹冬春笋型笋竹林立竹密度以140~180株/亩为宜,平均胸径9厘米以上,年龄结构一般为1度:2度:3度=1:1:1较佳。对于原有竹林密度较小的,应通过2度的留养,逐渐提高立竹密度。

从密度上讲,一般农民认为密度在120株/亩发笋多,产量高;而密度高的,一般在140株/亩以上的竹笋产量就低。事实上,在冬春笋型的笋竹林经营上要求:① 适当提高密度,从现有的120株/亩逐渐提高到140~160株/亩;② 年龄结构要年轻化,达到1度、2度、3度竹比例在2:2:1。只有调整立竹结构,冬春笋的产量才会进一步提高。

(五) 竹林培土

培土是笋用竹林经营的一大特点,杭嘉湖地区的竹农把它当作一项主要培育措施来抓,培土后土壤疏松深厚,可以保持竹笋的鲜嫩,延长竹笋在地下生长的时间,增加竹笋的粗生长和高生长,从而提高单位面积产量。每年一次性培土厚度不宜超过10厘米,一般培土约5厘米(见图60)。培土可结合施肥进行,尤其是施用有机肥后,培土覆盖,能促进肥料分解和防止肥料的流失。培土用土最好就近取材,可利用竹林周围的土,也可利用竹林低洼地区挖沟时的土,这样既减少了用工,又有利于竹林发展。值得注意的是如果春笋的主要目的是为了加工清汁笋,则不应培土或少培土,因为培土后春笋单株重增加且笋体变长,不利于加工。

图 60　竹林培土

（六）毛竹冬、春笋采收技术

1. 冬笋采收

(1) 开穴挖冬笋(见图61)。从10月中旬开始，在孕笋竹株的周围仔细观察，一般地表泥块松动或有裂缝，脚踏感到松软的地下，可能有冬笋，用锄头开穴挖取。

图 61　开穴挖冬笋

(2) 沿鞭翻土挖冬笋(见图62)。先选择竹株枝叶浓密，叶色深绿的孕笋竹,与第一档枝相垂直的方向判断去鞭方向,可以先在基部附近浅挖一下,找出黄色或棕黄色的壮鞭,再沿鞭翻土找到冬笋而进行采收利用。沿鞭翻土挖笋还可参考"下山鞭,鞭长、节长、笋少,上山鞭,鞭短、节短、笋多"的经验。

图 62　沿鞭翻土挖冬笋

(3) 全面翻土挖笋。结合冬季松土施肥,对竹林进行抚育垦复,中翻20厘米左右,切忌大块翻土,以防鞭根损失和折断,翻土时见有冬笋,则可一次性挖掘。

此外,还可以根据以下采收乡土知识丰富采挖冬笋经验。

先看竹叶后挖鞭,碰到芽头尖,嫩鞭追后老鞭向前牵　例如：即在竹叶浓绿稍带黄叶的大年竹周围找竹鞭,挖到带有尖笋芽,如碰到嫩鞭往后追、老鞭向前挖,则一般能挖到冬笋。

老鞭开叉追新鞭，追到十八步边　即追老竹鞭到头有新发的竹鞭,从发鞭起点开始在第18节(一般80 厘米左右)左右,一般有冬笋。

找不到鞭,春笋洞边　即找不到竹鞭的时候,可追挖春笋笋穴内的竹鞭,一般在往年出春笋的附近往往就有冬笋。

青鞭笋两头　即青色粗壮的跳鞭,在出土前和入土后的30厘米左右,一般有冬笋生长。

采取以上方法进行冬笋采收,应注意的事项为：不伤损竹鞭、鞭芽和鞭根,并覆土,更不能挖断竹鞭;同一竹鞭可能会长出2~3个冬笋,可以全挖或挖大留小,促进小的笋芽发育成大笋;采取全垦方法挖笋之前,林地适当补充肥料,以促进其他笋芽孕笋萌发。

2. 春笋采收

挖笋一要及时,二要注意质量和重量。一般以出土后笋高5~10厘米时挖取最好(见图63),此时笋质优笋体重。挖笋时还要注意将竹笋整体挖取,

以提高竹笋重量和利用率，并注意切勿伤断竹鞭。还可以结合边挖春笋边施肥，即挖取春笋后就在笋穴中放一把化肥，及时补充营养，但化肥不要直接接触到竹鞭，以免竹鞭腐烂。理想的疏笋效果是通过合理的疏笋技术达到的，应做到适时、适度和适对象，疏早、疏好、疏少，科学疏笋，合理留养，以达到增加成竹粗度、产量、疏笋量、经济收入、结构调整、营养分配的综合目的。

图 63　春笋采收最佳出土长度

（七）钩梢技术

适度钩梢是毛竹笋用林培育过程中常采用的丰产技术措施之一，特别在冬季经常有下雪、挂冰地带，钩梢以后，由于砍去了部分枝叶可给笋用林的生产带来如下好处：

(1) 由于竹冠层厚度减少，使林地获得较多的光照，在冬季和早春提高土壤温度，从而提早笋的生长和采挖时间，获得较高的经济效益。

(2) 由于竹秆顶端弯曲，细嫩部分被伐去，上部重量减轻，使竹林群体对风、雪、冰冻的抵抗力增强，不易造成竹秆的风倒、雪压、冰挂折断等危害。

(3) 钩梢所获得的主干部分称“扒梢”，侧枝称为“毛料”，是制作农具和用于简易建筑的良好原料(见图64)。其经济价值可与竹材等同，甚至超过竹材价值,故采用这一措施后使笋用林的经济收入大大增加。

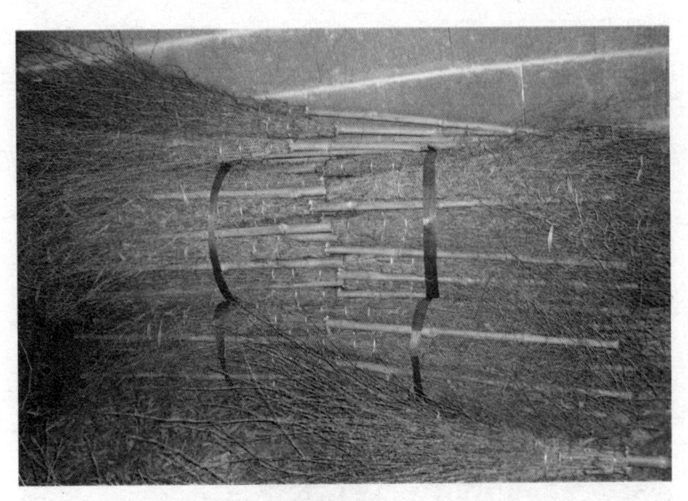

图 64　毛料是制作竹枝扫把的主要原料

钩梢强度即钩去主干部分和侧枝的多少，需根据毛竹的立竹量来确定。毛竹通常以保留20~25盘枝为宜(见图65)。钩梢时间应在大年9~10月进行,因为此时竹子地上部分生长基本停止,组织已足够老化,实施后既不影

图 65　钩梢的毛竹林

响竹林的生长，又可使钩下部分有较好质量可供利用。5月初，竹秆高生长基本完成，但梢部仍很幼嫩，用刀铡下后还可供食用，但若干旱气候易造成嫩秆死亡。6~7月新竹已展枝放叶，用倒装革刀钩梢后可使水分、养分较集中供给竹林生长，因此不失为一个较佳时间。也可以采用摇梢方法，在每年出笋后的5月初，当新竹已有5个轮盘枝时，用手抓住新竹用力猛摇，新竹梢就会断落，留下的枝条刚好为20~25盘。

（八）竹材采伐

1. 采伐季节

对大小年分明的竹林，一般是两年采伐一次，即在大年出笋后的当年立冬至第二年的立春之间砍伐。碰到特殊情况，也应在大年的秋分后开始采伐，到第二年春分前结束。花年竹林虽可以每年采伐，但只能在竹林中采伐竹叶已发暗发黄即将落叶的竹株，因为这些竹株已在春季发笋成竹后进入小年。相反，叶色正浓的竹株，表明它正在孕笋，来年要发笋成竹，如果采伐这种竹株，对来年的出笋成竹有一定影响。

2. 采伐年龄

采伐年龄的确定主要是依据毛竹的生长规律决定。1~3年生（即1~2度竹）的竹子为幼壮龄，此时竹株生理活动能力最强，不能作为采伐对象。若采伐这种竹子，不仅竹材力学强度达不到要求，也会严重破坏竹林生长；5~7年生（即3~4度）的竹子是毛竹材质稳定期，称中龄竹，此时竹材力学强度大，材质好，竹株生理活动能力逐渐减弱，但仍有一定的养鞭、孵笋能力；9年生（即5度）的竹子往后为材质下降期，此时竹材力学强度下降称老龄竹，其生理活动能力弱，已无养鞭孵笋能力，本身呼吸作用仍需消耗养分，竹林中不宜保留老龄竹。

综上所述，合理留养和砍伐，应留养1~3度竹（即1~5年生），砍伐4度及其以上或部分3度竹子，留竹年龄最大不超过9年（见图66）。

图 66　号竹法定采伐年龄

3. 采伐方法

采伐方法有带蔸采伐和齐地砍伐两种。

(1) 带蔸采伐(见图67)。其具体方法是：将竹蔸附近的土挖开，并用斧砍去竹根，露出秆柄，再用利斧将竹蔸茎部砍断，注意不要砍断竹鞭，伐倒后即削枝、断档、填平土穴，以防积水和烂鞭。

图 67　带蔸采伐

(2) 齐地砍伐(见图68)。是在竹株靠地面处下刀伐倒,挖去竹蔸,或竹蔸打洞,促其腐烂,后削枝、断梢。砍伐时都要在基部伐开切口,用手往上推倒,以免伤人或压坏立竹。竹秆基部节密、竹壁厚,可用来制作竹碗或其他器皿。

图 68　齐地砍伐

为了充分利用竹秆基部,应采取齐地采伐的方法,不可在地上留下较高伐桩。如果充分利用竹蔸,最好还是采用带蔸采伐法,又可避免竹蔸占据地下空间而影响竹鞭生长。但采伐因为用工较大,一般在生产中应用不多,一般以齐地采伐为主。

五、毛竹鞭笋型笋用林培育关键技术

鞭笋是指毛竹鞭梢幼嫩可食部分，一般在每年夏季6~9月出产，又称夏笋(见图69)。近年来，由于春笋价格连年下滑，而鞭笋的价格逐年上升，一般鞭笋价格为春笋的5~10倍，竹农对鞭笋生产产生极大热情。发展鞭笋生产，不仅能充实市场供应，丰富城镇居民的菜篮子，而且经营效益显著。

图 69　鞭笋

(一) 林地条件与竹林结构

毛竹鞭笋型笋用林生产与冬春笋型一样，基地应选择在交通方便、临近水源的区域，并且因经营集约度高，更要求土壤深厚肥沃、水湿条件和光照条件良好的山谷平地，坡度平缓，一般不应超过15度(见图70)。

图 70　毛竹鞭笋型笋用林基地

鞭笋型笋用林的立竹量一般保留在160~180株/亩，立竹胸径在9厘米以上。土深才能鞭大，鞭大出大笋，大笋养大竹；反之，大竹促使发大鞭，相辅相成(见图71)。

图 71　毛竹鞭笋型笋用林

（二）竹鞭处理

竹鞭在地下纵横蔓延通过鞭梢的生长实现。鞭梢生长顶端优势很强，对侧芽有抑制作用，使其处于休眠状态。合理、适时的挖掘鞭笋，能使附近的侧芽很快脱离休眠，刺激萌发分化而长出新鞭，调节竹鞭地下分布，营造丰产的地下结构，推动竹鞭总量生长(见图72)。

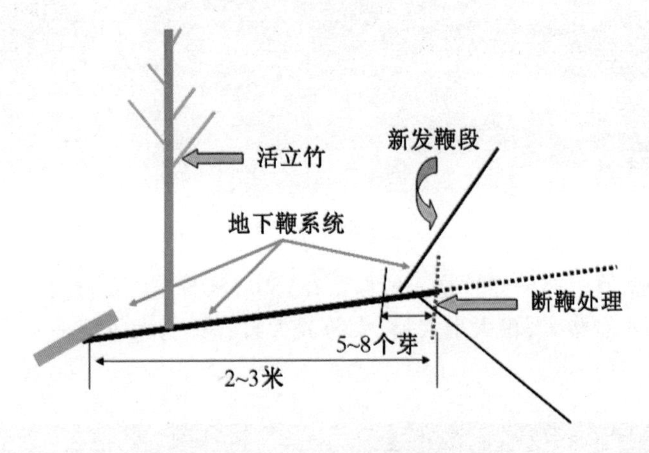

图 72　竹鞭处理示意图

改造竹林竹鞭的方法：

(1) 冬季进行全垦深翻土壤，其深度需在30厘米以上，以便将老鞭挖除。一般挖除6年生以上老鞭。另外，一些细弱竹鞭也要挖除。老鞭挖除后进行施肥，以利于新鞭的迅速生长，并可使竹鞭粗壮。

(2) 培土。由于挖除大量的老鞭，会使立竹受台风影响而翻倒，培土有利于立竹抗倒伏或倾斜。

(3) 断鞭和埋鞭处理。一般以1~2米的竹鞭产鞭笋为多，因此，在笋用林鞭笋挖掘过程中，要做到合理断鞭，控制竹鞭长度。另外，随着施肥及其他原因，在毛竹笋用林中往往会出现跳鞭现象，在培育管理中还要进行埋鞭处理。断鞭和埋鞭技术详见本书“三、毛竹低产低效林改造技术”相关内容。

（三）深翻松土

12月初至次年1月初，结合挖冬笋进行全面深翻，深度一般为33~45厘米，如遇老鞭、弱鞭、细鞭、竹蔸及树根都应除去，把粗壮的浅鞭埋入土中，注意不要伤鞭损芽。

一般性深翻松土在夏季或秋末冬初。通过松土增加竹鞭分布深度，鞭根吸收水分、养分的能力增强，贮藏养分就增多，挖掘鞭笋后，发鞭数量显著增加，从而获得增产。

（四）施肥技术

按照笋用林施肥要求，在春施催笋肥、夏施换叶肥、冬施孕笋肥的基础上，在鞭笋挖掘季节(6月中旬至10月上旬)，施“发鞭肥”三次。

发鞭肥的施用方法：第一次是在6月中旬，每亩施入氮、磷、钾复合肥50千克，开沟施入土中。第二次是在7月上旬，每亩施入人粪尿约2500千克(50担)，加水一倍，泼浇林地。第三次是在8月底，每亩施入复合肥或竹笋专用肥50千克。

（五）鞭笋挖掘

毛竹鞭梢生长活动与发笋长竹交替进行，在大小年分明的毛竹林里，大年出笋多，鞭梢生长量小；小年出笋少，鞭梢生长量大。挖掘鞭笋后，竹鞭两旁侧芽萌发成新鞭，一般3支以上，肥分充足的林地多至十几条。

鞭笋挖掘时间，一般在6月中旬至10月上旬，其中，6月下旬至7月中旬是鞭笋产量高峰期，雨水充足，气温高，鞭的生长速度快，月生长量达140厘米以上，整个生长季节一般可达3~4米。挖鞭笋期间，一般隔天进行，若遇雨天，见不到林地裂隙，可延迟1~2天挖，挖鞭笋时间长达4个月。

鞭笋采挖方法。在鞭笋挖掘季节，只要在竹林里找到了地表有一裂隙就可用锄头往下挖，一般从裂隙的两边往下挖，这样可以避免伤鞭笋。发现鞭笋后，扒开鞭笋两侧的土，用锄头断鞭后取出即可，切不可劈裂竹鞭。

挖鞭笋时必须做到以下几点：

(1) 挖掘鞭笋的林地，必须为集约经营的笋用丰产林地，在高标准的肥培管理前提下进行，同时要施好“发鞭肥”，否则不能挖掘鞭笋。不是集约经营的笋用林挖掘鞭笋，将会造成掠夺性经营，破坏地下鞭根系统，造成竹林减产。

(2) 鞭梢沿山坡方向穿行不掘，横鞭要掘，俗称“关门鞭”。

(3) “梅鞭”以埋为主，挖掘为辅；“伏鞭”以挖为主，埋鞭为辅。

(4) 鞭笋挖掘后的穴要覆浮土盖平，用脚踏实。

(5) 如遇高温干旱季节(一般8月上旬)，应暂时停止挖掘鞭笋，待高温干旱时间过去后再挖掘。

(6) 竹林空隙处少挖，土层深厚处不挖掘。

(7) 鞭笋的挖掘长度不宜过长，以可食用的嫩梢为宜。一般以30厘米左右，挖掘过长，一方面有一部分因纤维含量过高不能食用，另一方面造成鞭的自身营养损失。

(六) 专产鞭笋竹林培育技术

在冬春季松土后竹林内每隔3~5米纵横开育笋带，育笋带的深为30~50厘米，宽为50厘米左右，清除沟内老鞭、石块，施入有机肥料如厩肥、稻草、杂草后覆土(见图73至图75)。夏秋就可拨开沟内有机物，可以看到许多鞭笋，可用锄头挖掘，也可用剪刀剪取。取出鞭笋后用土填好，隔2~3个星期，

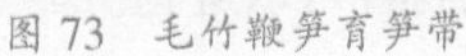
图 73 毛竹鞭笋育笋带

图 74 毛竹鞭笋育笋带深度在 30~50 厘米

又可挖鞭笋，若遇到干旱，则要在沟内浇灌水，这样有利于鞭笋的萌发。

图 75　毛竹鞭笋育笋带，将土和肥料对沤

挖鞭笋时应做到“浅鞭挖、深鞭留；细鞭挖、粗鞭留”。由于鞭笋生长的顶端优势很强，挖掘鞭笋、截取鞭梢后，在截断附近的侧芽很快就萌发分化，长出一条至数条支鞭，留下的部分侧芽，则成为冬笋或春笋的笋芽。如果土壤疏松，肥力、水分充足，鞭笋越掘新鞭越多，促进鞭多、芽多、笋多。因此，掌握好方法适当挖取鞭笋，不仅增加了经济收入，也促进了笋芽的萌发。

挖鞭笋的竹林均应集约经营进行施肥、松土，一般经营水平的笋用林不可挖鞭笋，否则会破坏鞭段。为了竹林的可持续发展，专挖鞭笋的竹林最好间隔2~3年后再采取上述措施。

六、毛竹无公害竹笋的生产

无公害竹笋是指在优良的生长环境中，按照毛竹笋用林技术规范生产,竹笋农药残留、重金属、硝酸盐、有害病原微生物等各项指标均符合食用安全的鲜笋(见图76)。为了达到无公害竹笋,做到“产前、产中、产后”这3个环节符合要求。

图 76　毛竹无公害竹笋生产示范基地

“产前”指生产环境要符合国家有关标准产地环境标准。“产中”是指合理使用各种生产管理技术措施,降低化肥、农药消耗,禁止使用高毒、高残留和“三致”的有机化学物质,防止或避免有毒物质污染超标。“产后”是指竹笋采收上市过程中的处理,要防止二次污染。

保证竹笋产品的安全,减少“餐桌污染”,必须大力推进无公害竹笋生

产,提高竹笋产品的市场竞争力,全面提升产品安全质量。同时,全面实施无公害竹笋生产,可以保证竹笋的商品安全,提高竹笋的营养成分和竹笋品质。通过改善竹笋品质,提高竹笋价格,实现良好的经济效益,确保竹业的可持续发展。

(一)竹笋无公害生产存在的主要问题

1. 政府部门及广大竹笋生产者、消费者对竹笋安全性认识不足

毛竹林主要生长在丘陵山区,工业污染相对较少,许多毛竹林无化肥施用历史,或施用化肥和农药历史不长、用量不大,经营干扰对竹笋生产环境影响较小。各级基层政府、组织及广大竹笋生产者和消费者,通常习惯称竹笋为"天然食品"或"自然食品",对竹笋安全性认识不足。在政府决策中,当然地认为无公害甚至有机竹笋生产较为简单、便利,对无公害竹笋生产管理、检测不严。而在实际生产中,部分竹林,特别是人为经营干扰较大的笋用林,受经营的影响或环境条件的限制,土壤、环境已受到不同程度的影响。在这些林地进行竹笋生产,竹笋产品的安全性也必然受到影响(见图77)。

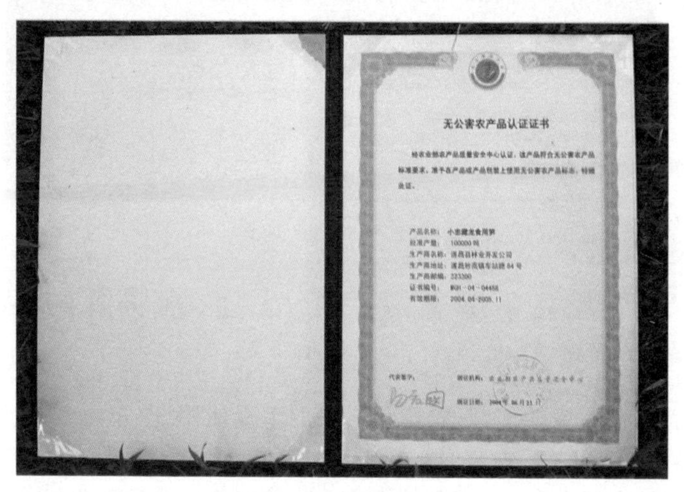

图77 绿色农产品需得到有关部门的认证

2. 竹农安全卫生意识淡薄，滥施农药化肥严重

近年来，因为片面追求产量和经济效益，在生产中超量和不合理施用化肥现象已有出现。在防治病虫害方面，高毒高残留农药仍有使用，特别是有机磷农药使用率较高，导致高毒和高残留农药的施用造成的竹笋中残毒超标；超量和不合理施用化肥和不良有机肥造成竹笋中硝酸盐、亚硝酸盐及重金属积累超标。许多竹林土壤残留养分严重失衡，土壤重金属迁移性大大增加，生物学活性明显减弱。这些都给竹园可持续经营埋下忧患。农药、除草剂和肥料的不良施用不仅影响笋体品质，同时也损害了环境质量。在毛竹的经营管理中，对笋用林定向培育实施面较小，在大量的笋材两用林经营中，发生暴发性病虫害时，通常会使用甲胺磷等有机磷农药(见图78)。

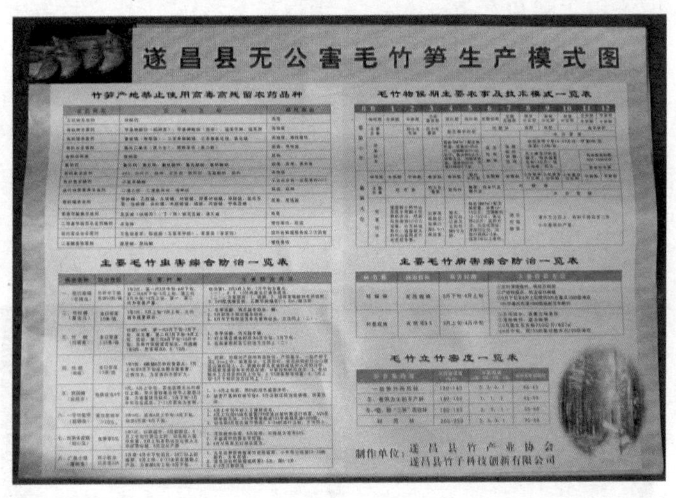

图 78　无公害竹笋生产模式图，明确了禁止使用的农药

3. 环境质量下降造成空气、土壤、水资源的污染，影响竹笋的安全卫生

随着工业污染的加剧，农用化学品的大量使用，汽车尾气及城乡垃圾的焚烧或填埋，大气、农业用水和土壤的污染加剧，严重影响了竹笋品质，给人类的健康带来了严重威胁和危害。除了工业污染等造成水体重金属含

量超标外，大量施用的无机肥（主要是指劣质磷肥和劣质复合肥）和有机肥（主要是指食用有添加剂饲料的畜禽粪便）中也含有可观的重金属，主要是铬（Cr）、铅（Pb）、锌（Zn）、铜（Cu）。土壤金属积累造成了部分地区竹笋中重金属含量超标。

4. 农业生产措施影响竹林的生态环境

林农在对竹林或其他农作物的管理过程中，生产管理缺乏科学性，长期以来在病虫害方面重复用药、盲目用药严重，而且，在竹林生产经营过程，推行和发展毛竹纯林，生物物种多样性低，易引起生态多样性降低，造成农业生态环境恶化，影响了竹林的生态环境，有的直接污染环境，影响竹笋的安全卫生。

（二）推进竹笋无公害生产的措施

从观念更新和舆论引导出发，加大宏观管理力度。对具体生产过程，重点抓好病虫害综合治理和优化施肥措施两个技术环节。

1. 加强舆论引导和宏观管理

各级政府及生产主管业务部门要进一步深化绿色食品的宣传工作，拓宽绿色食品的宣传领域，普及绿色食品知识，发动全社会关心、支持、参与绿色食品事业。对竹笋生产农户和企业宣传竹笋卫生质量保证的重要性和具体要求，宣传安全、科学、合理使用农药，改善竹笋生产环境，提高竹笋生产者竹笋产品质量意识。

加强宏观管理，建立政府调控与市场经济相结合的管理机制。根据当前竹业发展状况及其对绿色食品发展的需求，确立发展目标，统一行动，来引导绿色食品市场的健康发展；同时对绿色竹笋实施严格的产品检测、运输、销售和出口等管理制度，进一步规范绿色食品标志管理工作，建立和完善绿色食品生产、加工、销售等环节上的标准体系建设，加强绿色食品的监测工作，在机构健全、手段先进、技术规范的基础上，使它逐步规范化、网络化。

2. 病虫害控制

(1) 控制原则。坚持“预防为主,综合治理”的方针,加强栽培区病虫害预测预报,实施有效的病虫害监控措施。充分发挥森林生态系统的自我调控能力,保持森林生物多样性,构成复杂稳定的生态系统,充分发挥自然控制因素的作用,将有害生物控制在经济损害水平之下,以获取最佳的经济、社会和生态效益。

严格禁止在竹林中使用高毒、高残留农药,加强竹产区农药使用管理,严格禁止在竹林中使用明文禁止生产使用的DDT、六六六、甲胺磷、乙酰甲胺磷、三氯杀螨醇等高毒高残留农药。各级竹业主管部门和生产单位要引导竹农不使用违禁农药,采用发放农药安全使用手册等方式,指导竹农科学、合理使用农药。

(2) 优先采用营林措施,控制病虫害。通过加强竹林培育和合理经营,改善竹林生态环境,优化竹林的生态系统,创造有利于各类天敌繁衍的环境条件,增强竹林对有害生物的抵抗能力,抑制或减轻竹林病虫害发生。具体为:① 及时清除竹园内杂草、灌木,切断某些害虫的中间寄主,减少林内病虫害的发生。② 及时清除病虫为害竹株,消灭林内病虫源和传播源,改善竹林环境。③ 维护竹林周边森林生态环境,丰富森林生物群落,构成合理的食物网链,稳定和促进生态平衡。

(3) 采用物理生物方法防治病虫害。提倡采用物理防治、生物防治方法,只有在病虫害大量发生等不得已时才能使用化学农药。

物理防治方法:

捕杀法　根据害虫生物习性,用人力或简单工具如石块、布块、草把等将害虫杀死的方法。

诱杀法　利用害虫趋性将其诱集而杀死的方法。有利用灯光诱杀:利用普通灯光或黑光灯诱集害虫于水中、高压电网上杀死的方法。

刮除法　如每年4月之前用刀刮除竹秆上病菌冬孢子堆及周围部分竹青,可防治竹秆锈病。

化学农药防治:限量使用低毒、低残留化学农药,严格控制施药量、施药次数,采用正确施用方法。严格执行国家农药合理使用准则,禁止使用高

毒性农药和有“三致”作用的药剂。使农药残留量控制在规定的标准内,减少对环境的污染。严禁在竹笋采收前30 天喷施任何药剂。

(4) 推行竹林适度规模化经营,加快竹产业化进程。对现行分包到户的竹林可以通过转包、租赁等方式建立基地(园区、公司)+农户或通过股份合作的方式,把竹农、生产者、经营者的利益连在一起等,提高组织化程度,并形成一定的生产规模,进行统一生产和管理。规模化经营是提高农业经营效益的基础,有利于促进经营者的积极性,有效控制化学农药的使用;有利于改变生产经营者素质参差不齐的现状,提高竹林的整体管理水平,改善竹区的生态环境,提高竹笋产品质量;有利于推行竹笋生产标准化工作,统一产品质量,创立地方名牌,提高当地竹笋的市场声誉,增强市场竞争力。

3. 施肥管理

施肥是无公害竹笋生产的关键因素。积极推广使用技术规范许可的有机肥、生物肥、竹笋专用有机复合肥,控制无机化肥用量;在施肥方法上采用测土配方施肥。农家肥及人畜粪肥要腐熟后再使用。禁止使用含有害物质的垃圾污泥,如含有毒气、病原微生物、重金属等工业垃圾及未经处理的来自医院的粪便垃圾。特别对化肥的用量要加以控制,避免大量盲目使用化肥而导致环境污染,造成竹笋品质下降。